ANYWAY, SYSTEMATIZE

機制化之神

安藤廣大
Kodai Ando

—推薦短文—（按照筆劃順序排列）

鉑澈行銷顧問策略長
劉奕酉

不要檢討個人，而是檢討機制能否發揮作用。如何發揮價値、融入機制當中，是職場工作者努力的方向；而對於經營者來說，建立出沒有自己也能運作的機制，才是管理的終極目標。想要有效解決工作問題和挑戰，成爲値得倚賴的存在？本書將告訴你，如何建立著眼於「機制」的思維與行動，提升個人和組織的工作效率和成果。

臺灣大學工商管理學系暨商學研究所教授
劉念琪

我們必須與他人協同奮鬥，才能達成那些錯綜複雜、宏偉壯觀的目標。組織便是這種協作努力的重要樞紐，一個匯聚人才與志向的集體舞台。在這個多層次、多面向的結構裡，精妙的分工與巧妙的協調成爲實現願景的關鍵。

組織體制，在其中人們有著自己的角色以及與他人相互作用的節奏。當組織存在，體制就是無法迴避的現實，而如何靈活應用這些原則，精心雕琢這個集體機構的藍圖，則是每個組織設計者必須精通的藝術。

長庚大學管理學院專任教授兼商管專業學院執行長
黃崇興

公司是一個人無法做出對社會有大貢獻，需要一群人合作才有可能時，所設計的一種機制。為了能實踐初心的目標，我們不斷優化機制，讓機制尊重個人與專業，平衡權利與權限，進而有效地朝目標前進。第4章中所提的理念，就是機制運行必要的膠合劑，機制內專業合作的潤滑劑，也是機制分工下的指南針。機制中所蘊含的理念，就是：文化、使命，永續存在的終極價值。

臺灣大學工商管理學系暨商學研究所教授兼進修推廣學院副院長
郭佳瑋

這本書透過深入的研究和豐富的案例，探討了機制化管理對企業經營管理的好處，強調責任與權限、危機意識及比較與公平等關鍵概念的重要性，並揭櫫了企業理念存在的必要性。

這些概念不僅能夠提升組織營運效率和管理水準，爲實務工作提供豐富的參考價值，同時也對管理教育具有重要的啓發意義。

崑山科技大學副教授、培英國際教練領導力學院創辦人暨院長、
中華經營智慧分享協會（MISA）企業院士
陳恆霖

在VUCA衝擊的世界下，本書從組織視角，以齒輪機制爲運作觀點，讓人在責任與權限中釐清工作界線，以隱藏的價值企業理念建立未來的發展方向和目標，並交付給每個人眞正的意義，賦予使命與創造，以便能在行動中前進。作者以人會成長並有存在的意義，強調人不是問題，要檢視的是管理運作機制，値得賞讀與反思。

臺灣大學領導學程兼任副教授．前麥肯錫諮詢顧問

孫憶明

一個優秀的組織需要有妥善的機制，讓人才充分發揮專業和潛力，以達成共同的目標。而一名好的領導者，重要職責之一就是要建立和發展這些機制。本書提出一套完善的系統，幫助目前擔任或是有志成為組織領導者的人才，深刻了解好機制的思維和做法，包括權責分明、公平及富有成長機會的環境，以及組織文化建立等等，十分實用且有效！

機制化之神

安藤廣大

「少了你，公司會很困擾。」這句話就像是毒品。

在組織中，「無可取代的人」會一直停留在目前的位置。

「以齒輪之姿發揮作用的人」才能成爲人上之人。

乍看似乎應該相反，但不幸的是，這才是眞理。

而且，重點不在於何者正確，而是你選擇哪邊？

以齒輪之姿發揮作用的人，
具備「**機制化**（systematize）」的思維。

例如，當公司內部出錯時，大家的反應通常可分兩種——
追究「**為什麼出錯？**」的檢討「**個人**」派；
追究「**該如何避免？**」的檢討「**機制**」派。

這一瞬間的判斷，將決定你的前途。

感覺情緒似乎要湧上來時，請試著在心中默唸——

「總之，就是要機制化」。

這麼一來，應該就能順利冷靜下來，

也不會隨意怪罪眼前的人，

而是懂得去質疑組織環境中的「**制度**」。

「都是那位主管的錯。」

「是那個新人沒被教好的關係。」

你是否只和同事抱怨個兩句，就讓事情過去了呢？

希望透過本書，能讓你瞭解「**機制化的本質**」，

並進一步成爲「**親手改變機制**」的那一方。

在一開頭我就寫了「少了你，公司會很困擾。」這句話就像毒品。
若能早點理解那樣的感受，
你的處境就會改善，地位也將不斷提升，
甚至變得更能夠「成大事」。

那麼，事不宜遲，
就讓我們趕快來瞭解「總之，就是要機制化」這句話，
到底包含了什麼意義？

contents

序章

總之，就是要機制化

第1章

正確地劃出界線——「責任與權限」

第2章 真正可怕的人——「危機意識」

第3章

要能夠認輸——「比較與公平」

第4章

看不見的手——「企業理念」

第5章

成就更偉大的目標

——「前進感」

終章

不存在「機制化」的另一個世界

前言

穩做人上人的思考法

大家好，我是「識學株式會社」的負責人安藤廣大。過去透過「識學」管理法，我解決了許多企業組織的問題。

所謂的「識學」思維，就是釐清組織內的誤解及錯覺是如何發生，又該如何解決的一種思考方式。截至2024年1月為止，已有約4000家公司引進識學。

本書便是以「識學」爲基礎，針對「應成爲人上人」，提供做爲一種**工作形式的「機制化」思考方式**。

不僅限於經營者，此方法對中階主管及團隊小主管，甚至是未來將擔任主管、領導者的基層員工或年輕員工等，也都非常受用。

任何時候著眼於「機制」並努力解決問題的態度，必定能夠拯救你。

首先，就來談談其理由為何？

「人們動起來的時候」發生了什麼事？

聽到「機制化」一詞，首先想到的應該是商業模式之類的東西，像是如何創造出商品或服務，又該怎樣推廣等策略方面的事情。

然而，本書想傳達的並非商業模式方面的要點，而是「**如何讓人動起來**」這種更基本的問題。

所謂的商業模式，在成為案例的那一瞬間就已經過時了。不論什麼樣的**商業模式，最終都是「人」會變得越來越重要**。

「人們都聚焦於哪個部分？」、**「致力於什麼樣的改善？」**像這樣靠著不斷累積差距，讓生意蒸蒸日上。

在日本，大家經常提到蘋果公司創始人史蒂夫・賈伯斯的成功論——

「想像力很重要。蘋果之所以會成功，就是因爲能夠想像現在不存在的新東西。因此面對工作時，必須自由思考，不受框架束縛，否則就無法產生價值。」

多半都是如此極力稱讚，但這裡頭卻少了一個重要元素。

的確，賈伯斯擁有很棒的點子，可是要讓那個點子實現，就必須有「**貫徹交辦事項**」的嚴格紀律才行。

能夠迅速採取行動、不斷嘗試並改善的「組織」非常重要。**除了「創意」，還要有機制化的「組織」，才能夠相輔相成。**

然而，與「組織」有關的話題，常常因缺乏吸引力而從未成爲焦點，人們的目光總是聚焦於「**花俏的點子**」與「**個人魅力**」。

對「齒輪」一詞的誤解

在這裡，希望各位能夠認眞思考一個問題——**自己能否下定決心「成為齒輪」？**

當聽到「你是社會機制下的一個齒輪」這句話時，你有何感受？

「我才不要當什麼齒輪呢！」

「我比較想要做自己。」

「我渴望能做爲一個個體，受到認可。」

「希望自己是無可取代的，少了我就會造成困擾。」

許多人應該都會像這般感到抗拒，尤其在這個所謂「**個人的時代**」，擁有這種想法的人越來越多。

據說，每個人在孩童時期，都曾有過「**世界是以我為中心轉動**」的想法，眼睛看不到的東西就不存在，彷彿自己才是這世界的主角。

不過很快地，在成爲大人的過程中，會漸漸瞭解到「世界並不是以我爲中心轉動」。當知道即使少了自己一切還是如常，地球依舊轉動時，應該會感到一股絕望才是。

不過，人就是要接受這個事實，並放棄各種事情與社會妥協，然後逐漸長大成人。

其實「有組織才有個人」

請試著看看鳥群和蟻巢——一隻又一隻，爲達成目標，巧妙而有組織地行動著。

「要飛去哪個島，才能讓全體都過得溫暖而豐足？」

「要把哪些東西搬去哪裡，才足夠把食物分發給蟻巢裡的所有螞蟻，讓整個巢欣欣向榮呢？」

生物在本能上都會試圖取得整個組織的巨大利益，而每個個體便爲此各司其職。

看見這種狀況，你還會抗拒地認爲「不想成爲群體的一員」嗎？

又或者你能理解這樣的機制，覺得獲取巨大成就才是眞正爲自己謀取利益？

一旦能夠意識到「成為齒輪」這件事的威力，並接受這樣的角色，人就會開始成長。

要發揮自己該有的作用，義無反顧地朝著目標前進。要在行動後，確實接受評價，然後以該評價爲基礎，繼續反覆嘗試。

請運用這樣的方式，重新體認成爲「齒輪」這件事的重要性；也就是，**要理解組織所需的角色，讓自己也被納入機制的一部分。**

事實上，**只要具備這樣的技能，不論到哪裡都將能夠大顯身手，可以成長為任何商業模式都適用的人。**

說來有些矛盾，不過，**人一旦承認自己可以被取代，往往就能在社會上有所發揮。**身爲社會人士，這正是所謂的成功。

再者，能夠培育出這樣的下屬，也可說是領導者或主管的成功；甚至建立出這樣的組織，更可說是老闆或經營者的成就。

用「新機制」打破「舊機制」

所謂「機制化」，就是決定規則，並妥善運作。

一聽到「機制」或「規則」，恐怕會讓很多人先產生負面印象。或許是因爲這令人聯想到，自己公司那些「不合理的規定」。

每家公司肯定都會有一、兩個讓人懷疑「爲什麼會有這種規定？」的規矩或慣例存在，像是——

「新進員工上班要提早30分鐘到辦公室。」

「電話要在響3聲以內接起來。」

「一般員工不可以坐電梯。」

假設眞有這些規定，請運用想像力思考看看，它們是如何產生的？應該是過去曾發生某些問題，才訂下了那樣的規矩。

對當時來說，是有必要性。

只不過，該「負責」的人如今已經不在了，於是規則便流於形式化，一路沿襲至今。因此，必須有人擔起這個責任，並加以改變才行。

基本上，**人上之人應該要負責改變**。又或是必須讓整個組織都知道，「這項規定能夠避免某些問題發生。」

就是因爲缺乏可正確處理規則的機制，才會被認爲是「不合理的規定」，而機制的思維應該要像這樣運用。

透過更大的機制架構，來更新過去建立的、已流於形式化的規則。

該負起這項責任的人，應成爲人上之人。

千萬別小看「手冊」

現在這個時代，大家都不把「手冊」當一回事，照章行事往往只會被當成傻子。

然而，**「手冊」是過去辛苦的結晶；世上的各種做法與法則，都是經歷過去的重大失敗後留存下來的。**

當然，予以重新審視是非常重要的，但一開始就質疑一切、輕視法則**的態度，似乎是現今的趨勢。**

事實上，**暫且先照著規矩老老實實地執行，會比較快成長。**

在我的公司裡，也有所謂的「識學講師手冊」這種東西存在。依照該手冊的指示，一開始會先進行角色扮演，徹底灌輸、磨練說話能力。而在這過程中，人的「個性」會漸漸顯露出來。就好像做菜一樣，即使照著食譜做，做菜者獨有的特色仍會展現在「味道」上。

請遵守這樣的順序，「**千萬別小看手冊**」。

只有照著手冊所寫的「忠實執行者」，稍後才會意識到手冊的優秀之處，甚至發現到新法則，並進一步快速改善。

產出「能做出貢獻者」的機制

舉個例子，你學會了某種特殊技能，而這技能可讓你在公司裡變得非常活躍，於是接下來便可能出現兩種想法——

①對別人隱藏這種技能。

②教導別人這種技能。

假設前者只能實現自己的目標，但達成率可以到200％；而後者則能讓全體員工實現全公司的目標，達成率達到120％。

結果，前者只提升了個人的業績，而後者卻能進一步對提升公司整體的營業額有所貢獻。

在許多公司裡，個人能否對組織有貢獻，應該取決於「**那人的性格及類型**」。有的人擅長團隊合作，有的人不擅長，每個人的特質都不同。

而在解決這個問題方面，「**機制化**」很有幫助。

人上之人會建立出，**讓大家非合作不可的機制**。

以剛剛提到的「手冊」的概念來說，這就相當於要「**成為建立新手冊的人**」。

至於其做法，就留待本書稍後再爲各位詳細說明。

對整個組織有貢獻的人，能在組織中步步高昇；而站在更高層的人，則是會持續建構**讓**大家非做出貢獻不可的機制。

在成長的基礎中，一直都存在著「機制化」的思維。

想成為「無可取代的人」的慾望

「我想成爲不可替代的人。」

「我不想當個齒輪，而是想成爲無可取代的人。」

人應該都會有這樣的慾望。

我並不否認此慾望的存在，畢竟沒有人會因爲被說「少了你，公司會很困擾」這句話而覺得不爽。

只不過，我認爲凡事都有表裡兩面。

假設，最頂尖的王牌員工被挖角，使得該公司瀕臨絕望的深淵。

一開始應該會用「少了你，公司會很困擾」的說法來挽留，但人上之人必須要相信其餘的員工，所以會告訴大家「這只是短暫的危機，我們還有『這位』在就沒問題。」

於是意外地，這位員工便能取而代之，發揮出王牌等級的出色表現。

像這樣，相信人會成長，將能取而代之的，才是「好的組織」。

只要有機制，就能度過危機。

甚至，一旦度過該危機，組織還會「脫胎換骨」，變得更爲壯大；許多公司都因此變得體制更穩固。

換言之，**「在組織中可替換的人」，反而是優秀的**。原本一成不變的人，不久就會大大變身。

也正是基於這個理由，使得「機制化」具有根本上的必要性。

「希望於未來永恆持續」的想法

其最終型態，就是「**經營者**」。

附帶一提，身爲「老闆」，我會盡量避免自己動手，每天想著要建構出沒有自己也能夠運作的機制，並達成「沒有老闆也沒關係」的狀態。

就像即使父母不在了，孩子也會長大一樣，讓「**老闆的存在趨近於零**」終究是必要的。

這確實十分兩難。「我不想放手」、「我不希望公司在沒有我的狀態下運作」，也有不少經營者會像這樣，對自己的情緒毫不遮掩。甚至還會惡化到「我不在之後就可以倒掉了」、「有人做得來的話就試試看啊」等扭曲的想法。

不過，人也是生物，既然是生物，就會有想留下自身基因的慾望。照理說，應該是要萌生出以下的思維——

「希望即使我不在了，依舊能夠順利運作。」

「希望我死後這事業還能繼續。」

「希望於未來永續留存。」

這樣的未來，才是經營者的終極目標。

爲了要達成該目標，就必須具備「機制化」的思維，以做爲思考方式的基礎。

關於這點，於本書最後部分會再提到。

任何時候都以「人性軟弱論」為前提

「機制化」還有另一個好處，那就是可以應用在個人的工作上。

「做了○○之後，就做××」，這其實是一種相當簡單的習慣性技巧，就像是——

「早上泡了咖啡後，就開始看報紙。」

「關掉手機電源後，就開始處理第一件事。」

「洗好澡換好衣服後，就開始做伸展運動。」

亦即，以這種方式把「**簡單的行動**」和「**無法持續的習慣**」兩者連結在一起。

一旦像建立機制一樣將其自動化，便能順利啓動接在後面的行爲。

其根源就在於，「**人性軟弱論**」。

所謂的「人性軟弱論」認爲人天性愛好輕鬆，思考事情時，最好放棄強調意志力的精神論。

因此，如果不先機制化，就會發生像是——

「得要看報紙才行啊……」

「一旦開始處理工作，就會忍不住想滑手機……」

「睡前必須先做伸展操才行……」

每次都要想一遍，每次都要和軟弱的自己奮戰一番。

漸漸地越來越覺得麻煩，結果不論是練肌肉、減肥，還是存錢，**所有被稱做「習慣」的事情都「無法持續」**。

將這樣的徒勞極度簡化，正是「機制化」的一大好處。

本著人性軟弱論的原則，持續保持改善的態度，就能把組織帶往更好的方向。

不過，本書所介紹的，並不是讓個人的工作更輕鬆的生活小技巧，而是更爲宏觀、根本的「機制化」概念。

請成為「改變組織的人」

機械裝置因齒輪的完美咬合而得以大規模運轉，全體一起有效運作，便可達成偉大的目標。

看似一個人的力量就能完成一切，事實上都是錯覺。

在這世上，本來就無法單靠一個人成就大事，請即早面對這個現實。

務必透過本書徹底領悟到，「**若能先做為齒輪完美運作，在組織中工**

作的個人，便能獲得『最大的快樂』」這一道理，然後持續、穩定地朝著「成爲人上人」邁進。

這並非指「一直對上頭的人唯命是從」，而是在執行工作的過程中，若覺得有哪裡不太對勁，就該調查其原因，並向上報告。

請像這樣，**做為一個主動改變組織的人**。

放下「執著」，擁抱「孤獨」

以主管的工作來說，請一定要避免以下的行爲——

「主管也和基層一起進行實務工作。」

「主管一定要參與實務作業。」

主管該要做的事應爲——

「即使不去現場監看細節，也能做出成果。」
「有時間去致力於其他活動。」

主管要創造出這樣的狀態，亦即**將主管的介入最小化，建立起能夠自行運作的組織**。

這也就是所謂，**放下對實務的執著**。

尤其是在公司大幅成長的時期，這樣的矛盾糾結便會隨之到來。或許成為人上之人，正是一種擁抱孤獨的過程也說不定。

⚙ ⚙ ⚙

本書是繼《主管假面思維》及《數值化之鬼》之後的第三部著作，希望透過本書，能進一步傳達更多與社會人士「生存之道」有關的內容，因此與前著相比，本書的抽象程度可能會偏高一點。

對基層員工來說，有些內容或許「刺耳」；對管理階層而言，則包含了一些鼓勵他們要「有所覺悟」的訊息。

公司是個金字塔型的組織，不同職位的人，能夠理解的方式可能不太一樣。在此，希望各位能以瞭解「**比自己目前職位高一階的觀點**」爲目標，努力閱讀到最後。

關於主管的實踐方式，我已闡述於《主管假面思維》一書，而有關基層員工的實踐方式，則詳述於《數值化之鬼》。

做爲最後的收尾，請在此理解「機制化」的思考方式，以便對日後的工作有所助益。

那麼，讓我們開始吧！

安藤廣大

序章

總之，就是要機制化

明明本來應該要看書的，
卻總是忍不住看起電視來……
這是許多人都有的煩惱。

一邊躺在沙發上，一邊與罪惡感搏鬥，
心裡明白自己該收心才對，
也想著「不能再這樣下去了……」

那麼，具備機制化思維的人會怎麼做呢？

他們可能會把沙發搬到書架前，
這樣每次坐著休息時，便能看見眼前成排的書籍，
自然而然，就會想伸手拿起書本來讀一讀，
於是，養成讀書的習慣。

像這樣，讓我們改變思維，
想辦法用「機制」來解決問題。

不檢討「個人」，要檢討「機制」

在此，先針對「前言」中提過的「人性軟弱論」再多做一些說明。

工作上沒能達成目標時，來自主管的一句「加油」，實際上解決不了任何問題。相信這個道理大家都明白。

然而，一旦自己當上主管，往往就是會說出「再加把勁吧」這樣的話，或是在心裡這麼想。這其實是人類的常態。

人是軟弱的，也正因如此，必須以此為前提來建立機制。

假設，有個「希望對方能盡快回信」這樣的需求。

對經營者來說，決策需要講求速度，所以寫電子郵件向下屬確認事項時，便會希望儘早收到回覆。

話雖如此，但每個人對「盡快」的認知卻不盡相同。有的人認爲「既然是盡快，那就是要在10分鐘內」，也有人認爲「只要在當天下班前回覆，就算是盡快了吧」。

因此，要用機制來解決，增加精準度，便得設定規則才行。

以我爲例，我會在寄出電子郵件時規定——「一旦收到我寄出的電子郵件，請在3小時內回信。」

因爲不論在什麼狀況下，一般在3小時內，一定可以至少查看一次電子郵件。即使會議時間很久，或是參加培訓課程等，也不可能長達3小時以上都沒休息。

我是依此考量，定下了「3小時內回信」的規則，而這就是**想辦法用機制來解決問題**。

有了來自他人的明確指示，機制才能發揮作用。

單靠自身努力，一旦被他人評價時，人就會不得不採取行動了。

「只要放任不管，人就會回歸「自然」」

我們經常聽到「只要動手就做得到」這種說法。

就算每個人都在想著同樣的事情，可是**要是放任不管，人就會追求輕鬆安逸**；會把「盡快」解釋成在今天之內，把「有空的時候」解釋成完全閒到不行。

人總是傾向於用「有利於自己的方式」來思考。

不唸書也不工作，這才是人類的「自然狀態」，因為人的大腦和身體並不是為了唸書或工作而設計的。

透過「**計畫**」及「**習慣**」來改變這點，進而形成社會，這便是人類的歷史，也就是**改變自然，變得以不自然為理所當然**。

然而，我們爲什麼要以團體的方式生活並行動呢？

如果每個人都能單獨生存，應該是不需要特別去建立什麼組織團體才對。例如，１００個人之中或許有10人左右，是放任不管也會很努力的那種人，這些人只靠精神論就能動起來。

但我們應該以這種標準來經營組織嗎？還是要把責任歸咎於個人，要求每個人都「向那10個人看齊，必須努力向上」呢？

不，這樣是錯誤的！**我們應該要配合絕大多數「做不到的人」，建立機制，以充分利用每個人才對。**

而爲此，就必須理解「人不努力的理由」，且看清人的本質，並以之爲前提進行「機制化」。

「未機制化團隊」的唯一特徵

機制化有個大前提，就是要「**遵守期限**」。

要先能做到最基本的遵守期限，機制才有辦法發揮作用。

以「報告、聯繫、商量」爲基礎，總之必須徹底遵守期限，否則就無法有任何進展。

舉例來說，假設某項工作已經設定好截止期限，若下屬事先已經知道這樣的時間估算太樂觀，很可能會趕不上期限，就必須及時回報並提出「目前的工作量實在很大，請允許我更改截止期限。」之類的請求。

只要有「責任」，就不會「忘記」

那麼，這樣的習慣是否已普及於你的組織中呢？

只要確認「**抱歉，我忘了**」這一藉口能否被接受，便可得知。

這句話也許來自你自己、來自下屬，又或是來自主管，而且可能發生在各式各樣不同的情況下。

在一個可以讓人說「我忘了」的環境中，機制是無法發揮作用的。

工作不可能沒有截止期限，沒有期限的工作就只是「興趣」罷了。

「那件事處理得怎樣了？」

「抱歉，我忘了。」

當這樣對話顯得理所當然時，那就糟了。

首先，有可能是因爲「**責任分配不明確**」的關係。

任何工作都具有同樣的結構，有團隊目標與個人目標，每個人各自分擔不同任務，並設定截止期限，然後於落實「報告、聯繫、商量」情況下，全體一同往前邁進，除此之外別無其他。

下屬要執行被指派的任務，並在工作的同時，向主管報告狀況。

「爲什麼不早說？」

「抱歉，因爲覺得當時的氣氛好像不適合說……」

若是有像這樣的溝通，就會有改善的餘地。

這類例子經常在與「心理安全感」有關的情境中被談論到，但這其實存在著更基本的問題。

「我會努力記住。」

「下次不會再忘記了。」

僅靠這樣的回答是無法解決問題。

如果是主管指派工作給下屬，一定要同時決定具體的期限。例如，「請在○月○日的17點之前完成。」

此外，爲了避免到了當天17點下屬才報告說：「對不起，來不及完成。」還要叮嚀下屬：「如果知道會來不及，請務必及早於截止期限之前通知我，並同時報告『何時能完成』。」

要像這樣「**徹底落實截止期限的絕對性**」，從而做好組織機制化的準備工作。

「無視規則」摧毀團隊的瞬間

「如果太陽升到最高點時還沒登頂，就要立刻原路折返。」據說，專業的登山者都能夠果斷地做出這樣的判斷。

由於會有像是「明明就快到了。」、「好不容易來了，眞是可惜。」這樣的個人情緒，所以要透過「機制」來做出明確的決定。

然而，**這樣的判斷，外行人是做不來的**。

若是沒有人負責下判斷，情況會如何呢？

常常會變成多數決，或是隨當下氛圍決定。例如，「嗯，應該到得了吧！」也就是，**採取精神論而忽視規則**。

萬一有人因此受害，大家很可能就會以「這是全員一起做的決定」爲藉口來逃避責任。

雖說大部分工作都與人的生死無關，但其基本原理仍與此相同。

敷衍隨便的決策方式，就算是一群「外行人」也做得出來。**真正的專業會決定規則，畫出界線，並徹底遵守機制**。

正因如此，才能站在「他人之上」成爲人上人。

沒有什麼比「個人化」更可怕

與機制化相反的，就是「**個人化**」。

這裡所謂的個人化，是指某些業務只有特定的人才能夠處理的狀態。

例如，工作做得好的人不懂「做不好的人」的感受，總覺得他們在隱瞞些什麼。

事實上，在認識「識學」這個系統之前，我一直深信著問題在於「下屬的能力」，而不在於「公司的機制」。

後來我意識到了一個事實，那就是**團隊成員沒有成長，負責營運組織**

的管理職及經營者要負１００％的責任。

當然，過去的我並不是一天到晚試圖要阻止下屬成長，只是以自己的方式拼命努力，也希望下屬有所長，進而採取自以爲「好的」行動。

然而，這其實是錯誤的。

這世上的經營者及管理階層，一定也都和當時的我有著同樣的誤解，所以我認爲應該要將識學推廣到全世界，於是便於２０１３年自立門戶，創立了識學株式會社。

屈服於「個人化」誘惑的主管下場

人只要放任不管，就會「個人化」。

因爲這是本能，正如第53頁所述，那是人類的自然狀態。

創造只有自己能大展身手，別人都跟不上的情況，只對個人有利。

在「前言」部分，我曾介紹過「員工私藏技能而不願分享」的例子，在管理階層中也會發生類似的事情。

舉個例子，假設有位主管手下管理了10名業務，該主管的角色就是要讓這個團隊達成銷售目標。而依據公司的規定，業務「不得上門推銷」，不過，這位主管卻給出了豁免權——

「雖然公司禁止，但爲了大幅超越目標，可以上門推銷。」

亦即，準備了一套自己的「手冊」。

就算沒這麼明目張膽，每個人應該也或多或少都曾小小地違背一下組織，甚至覺得「只要不讓上面的人知道就好」。

然而，像這樣私自圍起小圈圈的做法，也屬於**放任不管就會做出所謂「個人化」的壞榜樣**。

三不五時出現的食品造假、標示不實等新聞，正是這種個人化管理升級的結果。

之後終究會因爲某個受不了良心譴責的員工「告密」，導致一切被攤在陽光下，於是迎來「辭職以負責」、「傷害公司信譽」的下場。

要有「摧毀個人主義」的決心

主管必須扮演摧毀個人主義的角色。其立場在於，要讓處於自然狀態的員工機制化。

用數字管理，並決定規則，一切以違背自然來形成社會為前提。

肯定會有人否定這種說法，像是主張「人可以不必成長」的那些人。這樣的人，是不可以站在他人之上的。

認可自然狀態的主管，乍看或許親切溫和，但他們的存在卻阻止了個人及社會的成長。

藏在其溫和背後的是「殘酷」；什麼都不說的人，並非因為親切溫和，而是因為「**鄙棄對方**」。

其結果便是，員工繼續處於自然狀態，而主管則享受既得利益。因此，必須要有「機制」來遏止這種狀況才行。

相關細節就讓我從本書的第1章開始說明。

瞭解個人化的「風險」

有些組織不具機制，都依賴人來運作。

「我們公司聚集了許多優秀人才。」在這一刻或許沒什麼問題，但要是其中格外優秀的人離職了，情況會如何呢？

恐怕光是一個人離職，就足以讓銷量大幅滑落吧！

「優秀的人才」的存在，並不等於該處就是個「優秀的組織」。甚至相反，**「即使沒有優秀的人才，仍能以團隊合作方式勝出」**，才是優秀的組織。

就算是一群普通人，只要做「正常普通的事」，就能勝出。

現在組織的營運若僅倚賴單一位員工，那就非得改變這種狀況不可。畢竟一旦那個人離職，組織就會無法運作，事態可就嚴重了。

有某項業務只由一個人負責，當那個人因休假等原因不在時，就沒人知道怎麼處理該業務，只能等他回來上班再處理……

你是否也曾遇過這種事呢？

個人化是風險，即使一時運作順利，也很快就會變得停滯不前。

例如，以公司的業績來說，第1年所有業務的業績排名出來後，如果經過2～3年排名依舊不變，那麼該組織就相當不妙了。

一開始吊車尾，但透過努力而擠進前段班；或是相反地一開始很優秀，可是一旦鬆懈便會被超越。這本來都是組織有確實在運作的證據。

但若這些現象都不再發生，就表示**組織已陷入個人化狀態**。令人不得不懷疑，是組織的「機制」方面出了問題。

要小心「個人魅力」的存在

個人化之所以容易發生，是有其原因的，只要聚焦於個人，應該就能理解其道理。

「我如果離職，公司應該會很困擾。」

取得這樣的地位，純粹就只是一個「爽」字而已。

正如本書一開始便提過的，這句話就像是**毒品**，會成爲該本人存在的意義，令人不想放手。

所謂的「個人魅力」，到底是好還是壞？

基本上，個人魅力這種東西，最好還是消失比較好。

在識學認爲理想的「完美組織」中，是不存在個人魅力的。

有一些企業，其公司本身很有名，卻很難想到有哪些人物代表了該公司；像這樣的公司，就是好的組織。反之，一家公司若是能讓人立刻想到其具個人魅力的人物，那麼就組織而言，它還不夠成熟。

組織中存在有「具個人魅力的知名員工」而非經營者時，更是要格外注意。

具有個人魅力的人在組織中，往往會擁有超越自身權限的力量。

在無個人魅力存在的組織中，即使是優秀人才，也各個都很謙虛。這是因爲他們都意識到，機制得以讓每個人有所發揮。

我本身以識學創始人的身分，經常出現在各大媒體。做爲一名經營者，這是在「提高識學的知名度」，我扮演著這樣的角色；而在公司裡，則是透過老闆的個人魅力，在短期內發揮帶領組織前進的力量。

於此階段，個人魅力是有作用的。

然而，隨著公司逐漸成長，這樣的個人魅力應該要日漸消退才是理想。自此開始，爲了讓組織進一步壯大，個人魅力就必須淡出。

關於這部分的討論，我將在終章再次提及。

「總之，就是要機制化」的5種思考方式

整理至此，所討論的內容可以歸納出兩個重點——

「最好以人性軟弱論為前提思考。」

「組織只要放任不管，就會逐漸個人化。」

基於這兩點，總之想辦法達成機制化，正是本書目的。

在此，先來簡單介紹一下其流程——

步驟1

取得「責任與權限」（第1章）

⇩徹底遵守既定事項。

步驟2

利用「危機意識」（第2章）

⇩持續感受正確的恐懼。

步驟3

注意「比較與公平」（第3章）

⇩提供能與人正確比較的環境。

步驟4

重新認識「企業理念」（第4章）

⇩確定自己的方向，不可迷失。

步驟5

感受「前進感」（第5章）

⇩與他人一同成就大事。

我們將以這5個步驟，來思考機制化這件事，這也是成爲人上人的必要概念。對於在組織中職位較高的人來說，相當重要。

不過，「工作做得好的人」應該在這過程中，就漸漸能體悟到自己該走的路。

擺脫「全體同意」的魔咒

在引進新機制的時候，必定會引發反彈。

政治也是如此，沒有哪個政策能夠完全讓所有人都滿意，所以一定要在某處「**畫出界線**」才行。

公司的判斷標準只有一個——「**真正想要成長的人，是否能夠有所長進？**」就只有這個標準而已。

對工作很久、享有既得利益的人，通常在制度不明確的情況下比較有利。組織不改變，對他們來說比較輕鬆舒適。

針對這點徹底改革，就是「人上人」應該要做的事。

或許有些人已經放棄成長，但不要屈服於這些人的強烈反對，**千萬別讓組織變成一個「會讓積極發揮能力的人離職」的地方**。

在《基業長青：高瞻遠矚企業的永續之道》一書中，有個主題是「該讓誰上車」。決定成員後，巴士就開動上路了，但接下來才是關鍵，那就是「**要讓不合適的人下車**」。

選出一個讓車上所有人都認同的目的地是不可能的，隨著巴士持續向前行駛，難免就會開始有人必須下車。

要讓那些覺得「**留在這裡就能夠成長**」的積極進取者，願意留下才行。請在這部分的判斷上，切勿犯錯。

願景和目標，也都是「機制」

「使命、願景、目標」等對組織而言的必要概念，會有越來越多的新東西衍生出來，但其本質還是一樣的。

組織中存在著價值觀，這和本書後半所說明的「企業理念」有關。然而，**此類高度抽象的觀念和工作實務，應該要分開思考**。當然，基本前提依舊是正朝著同一個方向前進。

爲了充分理解，請從第1章～到第5章依序閱讀本書。這樣應該就能夠深入體會，後半部所說明的「企業理念」和「前進感」的意義。

首先要能遵循規則、制度來進行一天的行動，而且必須從建立「機制」開始著手。

要以某些依據，提出願景與目標，別再歸咎於「現在提不起幹勁的藉口」、「忽視眼前事物的理由」。

在序章的最後，我爲各位準備了一些能將思維從「個人化」切換至「機制化」的提問。

當你不知該如何判斷時，請回到這裡自問自答，肯定能對你的工作有所幫助。

序章複習

取得「責任與權限」的提問

提問1　**是否太常使用「加油」這種說法？**

對於下屬或同事之中工作做得不好的人，你是否經常在心裡想著，或者會忍不住說出「再加點油吧！」這樣的話。

永遠都要質疑規則、制度；任何工作都是在有他人監視的狀態下，制度才能夠運作。

「若是真的喜歡這份工作，怎麼可能做不好？」諸如此類的說法，只能讓部分較積極自主的人動起來而已。

一般人都是因為有制度、有獲得他人讚許的好處時，才會動起來。

提問2 **是否設有「截止期限」？**

「那件事處理得怎麼樣了？」會像這樣進行確認，其實並不理想。所有的工作都必須在有目標、分工合作、有設定截止期限、落實「報告、聯繫、商量」的情況下，全體一同往前邁進。

即使反省「下次不會再忘記了！」也解決不了任何問題。必須像「要在〇號前完成。」、「要在〇點前回報。」這樣設定截止期限才行。無法決定期限的工作，就不是工作。

提問3 **是否默許了「潛規則」的存在？**

再怎麼微不足道的事，都不可以「只要不讓上面的人知道就好」，或是「我不會說出去的」。

一定要避免有人背著組織私訂規矩。

只要有一個課長向下屬們說：「我們那個經理實在是不行……」之類的話，私自圍起小圈圈，組織就會立刻變得脆弱無比。

身為組織中的一員，請重新認知自己的「齒輪」身分。

提問4　有誰能夠「接手」你的工作嗎？

你休假時，工作是否就會被耽誤？

「我休假時也會回電子郵件。」這種狀態會引發個人化的問題。務必建立「手冊」，好讓他人能在發生緊急狀況時，能接手你的工作，也就是將「該怎麼做」文字化。

徹底做到這點，就表示你「能夠教導他人」，可以培育下屬，有能力建立團隊並整合機制。

為此，第一步便是要讓自己的工作「能夠被他人接手」，這非常關鍵。同樣地，也要讓下屬的工作都能夠被他人接手。

創造任何人離職都不成問題的環境，就避險而言極為重要。這件事很容易被拖延到最後，請務必優先處理。

提問5

是否總是試圖想獲得「全體同意」？

在引進新機制的時候，必定會引發反彈。享有既得利益的人都希望制度不明確，而那些放棄成長的人也需要不努力的理由。

請別屈服於這些人的反對，一定要堅持立場，「為想成長的人下定決心」這點絕不妥協，切勿動搖。

以上便是回顧序章內容的提問。之後在閱讀的過程中，當你感到迷惑、不確定時，可回到此處自問自答一番。

第1章

正確地畫出界線

——「責任」與「權限」

你曾為了要租房子而尋找出租物件嗎？
首先要決定租金上限，然後再選擇其他條件。
需要幾套衛浴？要選離車站近的，還是空間大的？
最終選出一間來，「就決定住在這裡了！」

設定先後順序，無法達到的條件就予以放棄。
如此理所當然的程序，一旦換到工作上，
反而突然變得做不到了。

每個條件都想滿足，卻又不想承擔責任，
於是，乾脆不做決定。

「留下大約 5 個候選物件，明天起姑且先睡帳棚。」
不做決定的工作方式，就像這樣的租屋策略。
在工作上逃避決策，和這種情況是一樣的。

就讓我們從這詭異的現況，開始看起吧！

不肯「自己做決定」的人們

別再採取「個人化」思維，要切換至「機制化」思維才行，這就是序章所談的內容。

而為此，**人上之人就要負責決定規則**。

只不過，一旦這麼說，便會產生出一個誤解，那就是——**掌握權力不是壞事嗎？**

基於在政治或戰爭方面的印象，一般人往往會產生「權力＝邪惡」的連結，但其實人握有權力，並不是什麼壞事。

所謂的權力，是指被允許擁有權利的人，正確地運用其行使權。

我們必須先認識這個觀念才行，畢竟**「依職位分別進行決策的機制」**對組織來說，是非常重要的。

「好的權利」與「壞的權利」

首先，我們必須將**「好的權利」**和**「壞的權利」**分開思考。

當判斷某個權利是不是「好的權利」是有「條件」的，那就是——**該權利的範圍「是否有明文規定」**。

必須明確到讓所有人聽了都能一致說出「那是由經理決定的事」才行。

像這樣被賦予了「好的權利」的狀態，在識學中被定義為「具有權限」。

那麼，「壞的權利」又是什麼樣的權利呢？

壞的權利是指「**無明文規定的模糊權利**」，也就是我們經常聽到「**既得利益**」。

「得要先跟最資深的A報備過才行。」
「必須先獲得全體員工的同意才行。」

你們公司是不是也有諸如此類，未經明文規定的潛規則呢？明明沒有權利，卻表現出一副握有大權的樣貌。

每個職場都存在著這種幕後的力量，即使沒那麼明目張膽，組織中或多或少都還是會有「**看不見的規則**」存在。要說這就是造成最大困擾的原因，一點兒也不爲過。

一旦有了這種「壞的權利」，便會產生認知差距，導致每個人各說各話，缺乏一致性。

曾有一家小型的IT企業發生過這樣問題。

那家公司的新進員工自行摸索工作方式，向主管確認後，爭取到了新客戶，結果此舉卻引發了資深員工的不滿。

老鳥：「哪有人這樣做的？」

新人：「我有得到主管的同意了。」

老鳥：「該業界的客戶之前是我在負責，也該報備一下才對吧？」

新人：「這樣規定到底寫在哪裡？」

老鳥：「這種事就算沒有明文規定，也是職場潛規則，稍微觀察一下應該要懂吧？」

像這樣的衝突經常發生，沒多久，那位新人就離職了。

與此類似的例子，大量發生在各個組織之中。

若是必須先跟資深老鳥報備，主管就得要如此告知下屬才行。畢竟不論是剛畢業的新進員工還是跳槽來的新夥伴，主管都有責任親自對他們說明工作方式。

若主管認為「那種規定不合理」的話，就必須視之為「壞的權利」而予以摧毀。

因此，不論是哪種情況，原因都在於**「沒有負起責任做決定」**。

摧毀「既得利益」的機制

在上述的例子中，某些特定員工只因爲較年長或在公司的資歷較深，便握有多於其責任的權利。

換言之，就是得到了「壞的權利」，已成爲「既得利益」的狀態。

這個老鳥員工雖然握有權利，但發生問題時卻不必負責任，只要用

「跟我無關，是那個新人的主管要負責。」這句話就能逃避。

想要杜絕這種狀況，正是人上人該扮演的角色。

就剛剛的例子而言，主管可以果斷地說：**「是我准許的，所以沒有任何問題。」**

必須像這樣告訴資深員工，以保護新人才行，而且還要明確地對所有員工宣告：「只要有主管許可，就不需要再向其他人報備。」

若依據主管的判斷，尊重老鳥對整個團隊有利的話，則可補充說：

「不過，在開發新商機時，如果先前負責的人還在公司，請記得事先向那人簡單支會一下。」

總之，決定好規則即可，這樣下屬才不致於不知所措。

運用明確的「機制」，就能夠摧毀既得利益。

要「畫出界線」，而線是可以重畫的

如前一節所述，人上之人必須要能依據自己的職責做出「決策」。

舉個例子，假設在組織中出現了如下的兩種意見——

「大家都沒在聽別人說話，參加會議時應該要禁止攜帶手機，以便專心聆聽發言才對。」

「很多人開會報告時提出的資訊都不夠充分、可靠，所以應該要一邊用手機上網查證一邊聆聽，以便大家共同補強資料。」

這時，你會怎麼處理呢？

事實上，這兩種意見哪個正確是依情況而定。

該會議是「以聆聽爲優先？」還是「以資訊的正確性爲優先？」要在兩者之間清楚地「**畫出界線**」才行。

然而，線畫得不清不楚是很常見的毛病，就像是**破例**，「那麼，只讓帶手機進會議室好了。」

溫和親切的人很容易在這種時候動搖，試圖獲得所有人的同意。

請一定要做出決定，並畫出界線，若有不遵守界線者，要確實加以指責。對於剛畢業的新進員工和跳槽來的新夥伴，也都要明確告知。

藉由明文規定，以避免發生「有說過／沒說過」的爭議，這便是所謂的負責任。

身爲主管或領導者必須要認知到，你的薪水就是針對這樣的責任而支付的。

即使是過去的規矩，也要用「我」為主詞來傳達

不過，這樣的說法往往會引發「由上而下的命令方式很不好」的反對意見。

的確，不聽員工提出的資訊，只依個人喜好或過去的經驗來做決定，確實不可原諒。

然而，**若是獲取資訊後，依據這些資訊來「做決策」的話，那就是正確的做法，因為這之中存在有「責任」**。日後，如果原本負責的人離開了，就由下一個人決定即可。

若是覺得剛剛「帶手機進會議室開會的規定」有問題，那就等你當上了負責人後再去改變。

不過，當原本負責的人已離開，其所訂定的規矩仍被保留下來的話，就會變成「**形式化的規定**」，而這種規定應該要被重新審視。

身為領導者，在不明白其意圖的情況下直接沿用過去所做的決定，還說什麼「這是老規矩」之類的話，眞的很不好。

檢討過去制定的規矩。若覺得現在仍具必要性的話，就公開地告訴大家：「依據『**我**』的判斷，這規矩今日仍有其必要性。」；若覺得有不恰當的部分，就予以變更。

既然是人上之人，就一定要用「我」為主詞。

不經思考便直接沿用過去的規定，是不負責任的做法。

要基於「事實」，而非基於「抱怨」

改變規定的時候，「不希望人們覺得自己朝令夕改」，心理上很可能會產生這樣的矛盾與糾結。而與此妥協，也是人上人的責任之一。

在工作上，正確答案總會不斷改變，規定也應該要隨之調整。

這時，**不能只責怪「改變規定的人」**。不僅是人上之人，即使是基層員工也要試著責怪「機制」、檢討「機制」才對。

在表達希望變更規定時，不能只是抱怨說「這規定不合理」，而是要傳達事實，以供判斷。像是提出「就因爲有這項規定，導致在實務作業上必須多花30分鐘左右的時間。」

具有問題意識不是壞事，但規則一定要透過機制來運作。

別再透過抱怨來相互取暖

正確地向上傳遞資訊，然後遵循上頭的判斷，像這樣的人遲早會成爲人上人。而組織就是以這樣的順序組成，並非要人閉嘴忍耐而已。

沒能理解此機制的人，就會一直抱怨，甚至對於有在負責任的領導者或管理階層，也有諸多埋怨。

正是這樣的人，以抱怨爲誘餌來結交朋友、吸引同伴，這其實是「**逃避責任**」，也是「**人性最軟弱**」的部分。

我們也必須劃清界線，以遠離這種誘惑，並轉向建立機制的那一方。

相信正在閱讀本書的你應該做得到。

只要回歸機制，就能不斷「創新」

為了成為人上人，針對**「來自實務現場的資訊」**進行判斷，可說是非常重要。

換句話說，要在自己的責任範圍內、在被賦予的權限之中，畫出界線並做決定。透過這樣的機制，每個人才能清楚知道自己該做什麼，並採取行動。

由於有了界線，因此在界線內就是安全的。

因為有好處，所以「與人連結」

跨部門處理某些工作時，也是同樣道理。

這是發生在某家製造商的業務身上的眞實故事。一般來說，銷售自家部門的商品可謂理所當然，但有時在某些客戶那裡，其他部門的產品似乎比較有機會成交。

這時，業務應該會有如下的兩種矛盾與糾結的想法——

「畢竟對自己沒有任何好處，所以就算了吧！」

「多少可以增加公司整體的銷售額，或許還是處理一下比較好。」

據說，這個眞實故事的主角，必定採取後者的想法，會爲其他部門牽線，把客戶介紹過去。

然而這是因爲，**一旦之後做成生意，最初牽線的人也會獲得分數。**該公司就是像這樣，當有別的部門幫忙做球時，便將之轉換爲分數以納入其績效評價。

若公司具有這樣的機制，員工們每天會怎麼工作呢？員工們可能會試著熟悉自家公司的所有產品，而不只是侷限於自己負責的。

由於有機制，人就會動起來，跨部門便會連結起來。

若是只靠精神論主張「**應該要清楚瞭解自家公司的所有產品**」、「**請大家要跨部門溝通**」、「**若是愛公司應該就做得到**」諸如此類的說法，想必只會讓部分較積極自主的人動起來而已。

人都是因為有機制、有好處時，才會動起來。

倚賴個人化的組織

也是有人會質疑，或許一開始根本就不該分成不同部門來營運。然而，分部門可讓各自的角色變得明確，更專注於工作上。**這樣的「垂直分割」其實是基礎**。若是因此發生協作不良問題，就只好建立橫向跨越的機制來解決。

發起跨部門的新專案時也是如此，為專案任命新的負責人，建立新的金字塔形組織，結構都是一樣的。

感覺起來，扁平狀態的速度似乎比較快，但其實不然，那是錯覺。**扁平只對部分行動自如的人來說，更容易有所進展而已，這正是所謂「個人化」的狀態**。

眞正重要的是，要讓任何人都能夠發揮作用，所以必須建立組織的機制，並使其運作。並非因爲是「好人」，所以做事；也不是因爲「積極進取」，所以做事。

組織依賴「人原本的性格」來運作，並不是一個好的狀態。

對於個人化，組織往往不知不覺地就忽視不管了。

我想各位的公司裡，應該也有那種會主動去做別人不做的工作的人。公司會十分依賴，並佔他們的便宜，終究這樣的人會覺得「只有我吃虧」，於是便離開該組織。

我們必須用機制來避免這樣的事情發生。誰是該負責的人？誰該要做什麼？一開始就要決定好，如此一來，就能「**不斷地創新**」。

公司的新事業及新專案，就該以這種方式產生出來。

「交付」的真正意義

「主管要把工作交給下屬。」

這句話已偏離了其原始意義，大家都誤以爲只要統統丟給下屬就行了，但其實那只是「**不負責任**」而已。

在個人化的情境中，使用了「交付」一詞，上述與「交付」的本意完全不同。

所謂的「交付」，是賦予明確的責任和權限。「必須做什麼？」、「爲此該做什麼好？」也就是要畫出這些界線。

在對此無明確指示的狀態下，以個人化的方式，用「接下來就交給你了」這類含糊的說法，把工作丟給下屬的領導者或主管是最糟糕的。

透過「責任」，人們才得以成為領導者

人們往往會從「個人化」的角度，來使用「責任感」一詞。因此這個詞彙經常被誤用，故請務必小心。

例如，「他是個有責任感的人。」彷彿那是一種與生俱來的特質。

然而，閱讀至此的各位應該知道其問題在於，我們要遵守明訂的規則，使機制運作，並依照規矩來執行工作、保護下屬，並向上級傳達資訊。

而且像這樣的「負責任」，每個人都做得到，這不是用「有無責任感」就可以解釋的。

只要正確理解責任的意義，每個人都會是「有責任感的人」。

「主管只有一個」的深刻理由

舉個例子，若你是市場開發部門的經理，就會認知到自己要「對整個部門的數字負責」。若你是部門經理之下的課長，則要「對實務現場的數字負責」。

因此，市場開發部門的經理，直接對實務現場做出指示，並不是「有責任感的行爲」。

一旦那麼做，基層員工就會搞不清楚究竟誰是他們的主管。「到底該爭取誰的好評？」、「必須執行誰的命令？」會在這些事情上產生誤會。

課長對一個課的數字負有實實在在的責任，而基層員工則專注於達成由課長所設定的目標。

這樣大家對於自己負擔了什麼樣的責任、應該要爭取誰的好評等，就會有正確的認知。

這裡的重點在於，「**主管只有一個**」；當主管只有一個時，下屬就不會困惑。

或許有人會覺得，若只有一個主管，對下屬的評價難道不會有個人化的問題嗎？

正因如此，才必須配合「**明文規定**」。

負有怎樣的責任？怎麼做才能獲得好評？這些都必須以「**文字**」明確定義並公開分享，要讓大家都能客觀地一看就懂。

「責任」與「權限」的關係

如果主管只有一個，那就能夠履行責任，因爲必須做些什麼才能獲得好評，正是所謂的「**盡責、負責**」。而爲此所必須取得的，就是在第82頁被定義爲「**好的權利**」的「**權限**」。

所謂權限，就是「**自己可自由行動的範圍**」受到明文規定，在畫好的界線範圍內，自由地自行決定。

「我該在哪個區域銷售？」

「該採取怎樣的手法來銷售？或者反之，怎樣是不可以的？」

反過來說，**主管必須「創造出權限充足的狀態」**。

因此，有必要告訴下屬——

「若你在履行此責任時，感覺自己的權限不夠的話，請向我報告。」

這就相當於先告知對方，若他沒能盡到責任，事後才搬出「權限不夠，所以沒辦法」這樣的藉口，是行不通的。

一旦建立起這樣的機制，下屬便會積極地找主管商量或報告，以「取得權限」。如此一來，組織就能處於非常良好的狀態。

由主管對此進行判斷並做出決定，就和第92頁的「下屬提供的資訊」一樣。

例如，假設在開發新客戶方面，某個業務被賦予了「在靜岡市達成2千萬日圓的銷售業績」這一目標。

由於是從零開始開發新客戶，爲了提升知名度，該業務便提出權限要求：「請給我1百萬日圓的廣告預算。」如此便能找出靜岡市具影響力的廣播節目等，以採取各種相關措施。

就像這樣，**必須創造出在進行工作時，對「責任」和「權限」沒有認知差距的狀態。**

一旦採取這樣的管理方式，對下屬而言，下一階段的職務所該做的事也將變得明確，還會有讓職涯路徑顯得更具體的好處。

「機會」先於「能力」

閱讀至此，或許有些人已經覺得「這根本是不可能做到的」。但我認爲，只要好好實踐，就有希望。

在此先詢問大家一個問題——

「是已經有管理能力的人會成爲人上人？」

「還是成了人上人之後，才培養出管理能力？」

任命主管，賦予他「責任」與「權限」後加以培養。應該要是這樣的順序，因此答案是後者。

畢竟一個人是否有能力當主管，在還是基層員工時是看不出來的。這就和透過面試挑選剛畢業的新鮮人一樣，終究也只是給予一個機會罷了，根本沒有「在基層時代就已具備管理能力」這種事存在。

是自己限縮了「可能性」

對於工作，有些人會說：「我只想做我擅長的事。」、「我想發揮我的長處。」、「在這家公司，我似乎比較能發揮自己的專長。」

這種想法過於強烈的人，往往會有成為一再轉職「跳槽大王（Job Hopper）」的風險。

因為每當他們在新的公司或部門裡遇到稍微不太擅長的工作，就會覺得「或許有其他更好的公司」、「這不是我的天職」。

當然，對於跳槽到可發揮自身長處及專長的職場這件事，我並沒有要予以否定。但請務必記住，**這世上根本沒有「只靠自己的長處，就能持續活躍的職場」**。

職位或角色一旦改變，「不會的部分」、「做不好的地方」就必定會產生。

「這件事你沒經驗，所以可以不用做。」、「不擅長的事可以不用做。」除非是兼差打工，不然如此寬容的職場幾乎是不存在於這世界。

每個人都要面對自己的不足之處，必須要彌補「缺陷」才行。確實做到這點，才能夠持續成長。

好好地把自己的不足填補起來，就能獲得公司的良好評價。如果沒有這樣的經驗，不論去哪家公司都不會成功的。

所謂的「沒有天職」，其實是人能夠持續成長的希望。

「凡事都能達到平均值」的特性

到底什麼叫優秀？

是與生俱來的特質？是進公司之前就具備的潛力？還是跳槽之前，在前一份工作時的成就呢？

所謂優秀，是指進入組織後如何適應及成長；也就是**透過「機制」順應組織的能力**。

運動神經好的人，不論什麼運動都擅長。高爾夫球打得很好，但其他運動就完全不行，這樣不能算是運動神經好。

工作也是一樣。在其他行業或職種獲得成功的人，若無法在其他環境中也把能力發揮出來，就沒有意義。

反覆嘗試後掌握訣竅，將其做法傳授給其他員工，這才是優秀。

「能夠毫無差錯地完成，樣樣都會做。」
在這世上，這樣的人往往會被取笑。
「平均並不好，人要展現出獨特性才好。」
幾乎所有人都會如此認知。

這很殘酷，但歸根究底，**平均也是一種特性**。**在平凡之中，也會流露出不同特質**。因此，不該一開始就決定「我只做這個」。

此外，立志「若不在明星部門就離職」也相當可惜，這種決定留到五、六十歲換下一份職業時再做就好。

在那之前，什麼都嘗試看看，若試過後發現做不來，就再試試別的。**能夠這樣一再嘗試，正是身在組織中最大的好處**。

由於時代的變化速度很快，所以「**適應力**」能成爲武器。

不論到哪個部門都做得下去，人的價值便由此而生。

明明道理如此，卻不知爲何會被評爲：「像管理職這樣的白領工作將會消失」、「什麼都能做的通才會被淘汰」。

事實上，你完全不必害怕這種風險。「**各種技能、工具都可以很快學會並加以運用**」，最後能留下來的，是這樣的人。

喔！不，應該說是只有這樣的人才能留得下來。

在第1章的最後，就讓我們來複習一下「責任與權限」。

第1章
複習

取得「責任與權限」的提問

提問1

是否有將「好的權利」與「壞的權利」分開？

「都沒事先跟我報備，哪有人這樣做的？」

我們偶而會遇到有些人沒有權利，卻會提出自我主張。

當某些特定人物握有多於其責任的權利時，就屬於「壞的權利（既得利益）」。

應該由發生問題時「能夠負責任的人」才可以做出指示、給出許可，這才是理所當然的「好的權利（權限）」。

請明確地對員工宣告：「只要有主管的許可，就不需要再向其他人報備。」

而為此，就應該要把「好的權利」和「壞的權利」分開思考。

提問2 **在做決策方面，是否有「畫出界線」？**

決定規則時，有時可能會分為兩種意見。若在選項之間猶豫不決，一旦做出「那麼，讓A適用A規則，B適用B規則。」如此分別的規定，之後必定會引發問題。

請清楚地畫出界線，像是「一律適用A規則。」

人上人必須要能夠做出這樣的果斷決策才行。

藉由「明文規定」來避免發生「有說過／沒說過」的爭議，並以「我」為主詞來傳達「這是我做的決定」。

提問3 **是不是害怕人們覺得你「朝令夕改」？**

在工作上，正確答案總會不斷改變。

以規則的運用來說，當「有其他的好辦法」、「情況改變」時，就該果斷地改變規則，因此沒必要在意「別人怎麼想」。

提問4 是否有賦予「權限」？

交付工作給他人，這件事在本質上，就是要清楚地傳達「必須做什麼？」、「為此該做什麼才好？」

故請對著下屬明白指示「其可自由行動的範圍」，這便是所謂的「賦予權限」。此外，還必須同時告知下屬：「若你在履行此責任時，感覺到權限不夠的話，請向我報告。」

要創造出彼此對「責任」和「權限」沒有認知差距的狀態。

以上便是回顧第1章重要內容的提問，請務必徹底掌握「責任與權限」的關係。

第2章

真正可怕的人
——「危機意識」

看到小孩在店裡跑來跑去時，
你若是父母，會怎麼做？
應該會開口警告孩子別再亂跑。
可是過一會兒，小孩又會開始跑來跑去，
就這樣一再重複……

小孩所尋求的是「關注」！
也就是，希望別人對自己感興趣，有人跟他說話。
這時，只有一件事是你該做的，
那就是，在他安靜下來時，跟他說話。
如此一來，他就不會再到處亂跑了，
因為已經沒必要這麼做。

讓我們學會看清，
人們實際上到底在尋求些什麼？

「令人想跟隨的人」其本質為何？

在第1章中，所介紹的賦予「責任」和「權限」的方法，可說是管理的基本原則。

「話雖如此，但就是無法徹底照著規則走。」

「只靠原則是無法讓人動起來的。」

這類煩惱肯定會冒出來，**畢竟所有事物都有表裡兩面**。

在本章中，我們就要來瞭解其背後的思維。

你身邊所謂「可怕的人」是指怎樣的人？

首先，先詢問一個問題——

「在你的職業生涯中，有沒有遇過『可怕的人』？」

請試著想看看，你或許會回答——

「第一個主管有點職權騷擾的傾向。」

「現在的職場有個總是很暴躁的總經理在。」

不過，在此希望各位留意的不是那種單純的可怕，而是要你思考的是「更爲根本的性質」。

說話的語氣溫和親切，臉上總是帶著微笑，態度謙恭又平易近人。當有這樣的主管或同事存在時，工作起來很輕鬆愉快，對吧？

然而，要是這個人在工作方面有以下這樣情況，又是如何呢？

「在工作上要求的標準很高。」

「不夠徹底的工作方式，無法獲得其認可。」

「會給予明確的回饋，並自我反省。」

事實上，這樣的人才是真正「可怕的人」。

在你身邊，是否有這樣的主管或同事存在呢？

日常中十分和善，一旦工作起來，就會畫出界線，具有明確的判斷標準，並展現出嚴格的一面。

在這樣的主管之下工作，會受到「**偷懶會被看穿**」、「**任何藉口都無效**」、「**不守規矩會被立刻糾正**」如此這般的嚴格教導

標準很明確，不論從誰的觀點來看，都沒有「不合理」的部分。

這便是這裡所謂「可怕的人」的樣貌。

相對地，只要下屬有確實遵守規則，他就不會有任何意見；一旦工作做得好，獲得壓倒性的成果，他就會給出正確的評價。

下屬若是能將這樣的嚴格，認知為「**真正的和善**」，這就會是一個**迅速成長的機會**。

所謂的**嚴格，並不是「不可以展現笑容」、「要語氣強烈」之類這麼低層次的事情**。

切勿「否定人格」

就如先前所說的，人們往往誤解了「可怕」這一說法。

與第82頁關於權力的話題一樣，可怕也有「好的可怕」和「壞的可怕」之分。

所謂「壞的可怕」，是指會做出「否定人格」之類的事情。

「你連這個都不會？唸這麼多書到底都唸了什麼？」

「我之前也說過一模一樣的話，你是笨到聽不懂嗎？」

像這樣的責備方式會造成很大的心理壓力，屬於職權騷擾的一種。

因此，在這方面我們也必須著眼於「機制」才行。

一直以來在男性群體中，以戲弄後輩的方式來進行溝通的人，尤其容易犯下這種錯。他們會**把自己與朋友之間的人際互動方式，也套用到同事身上。**

例如，對於未達成目標的下屬，可能會做出「你眞的很沒用吔！」這類的結論。而對於已達成目標的人，也可能用「你終於做到了呀？」這樣的說法來表達認可。

然而，這可不是一句「不善言辭」就能了事的。

在昭和時代到平成初期（1927～2000年左右）這種方式或許可以被接受，但現代絕對是不可行，必須強制改變。

現在各大企業普遍都有實施管理培訓及騷擾相關的訓練課程，不過，部分中小企業和人數少的組織，並未妥善處理這個部分。

因此，**必須瞭解「可怕的人」的真正含意，千萬別誤解了「嚴格」的意義。**

錯誤的「可怕」與錯誤的「和善」

接下來，讓我們繼續來看看，誤解「可怕」之意的溝通方式——

「我被經理叫去講話，結果後面的事情全都擠在一起了。」

「聽老闆訓話已成爲例行公事。」

像這樣的狀況，在公司很常見，而其根源就在於「錯誤的和善」。

長篇訓話反而會讓對方感到「安心」

經過長時間的訓話後，被訓話的人會有什麼樣的反應呢？是真的就會洗心革面，從隔天開始努力工作嗎？

恐怕只會跟倖免於難的同事們互相抱怨一番，「唉，我又被經理罵了！」然後就結束。

下屬並不是接受了指導，而是「被主管當成了一回事」。

儘管生氣，但對下屬來說，主管其實是聆聽了他的藉口，於是下屬便會感到安心，不知不覺地獲得存在的意義，覺得「這樣就可以了」。

在這種表面的「可怕」背後，藏著「錯誤的和善」。

因此，下屬即使嘴上說著「又被罵了」，內心深處卻感到很開心。

這正是以「個人化」方式管理，而導致不良結果的例子。

什麼是必要的「恐懼」？

經過主管的指導後，「再這樣下去恐怕不妙」的恐懼，要在該本人的心中萌芽，否則就沒有意義。

若是告訴各位「**必須成為可怕的人**」，很多人可能都會誤會，並想像成以下這樣的人——

「我們經理有一些神秘的地雷區，有時會突然爆怒。爲了不要踩雷，下屬們各個都戰戰兢兢，總是很小心地避免他發脾氣……」

在這種環境裡，「**揣測**」與「**阿諛奉承**」橫行。

這樣的恐怖統治，絕無任何好處。即使被指責，也不知道「應該要改善哪裡」。

「被罵了一頓，接下來該怎麼做好呢……」

令下屬不知所措的指導方式，是不具任何意義的。

相反地，若是有提供下屬眞正需要的指導方向，應該就會產生如下的想法——

「一直都沒達到要求，主管根本不把我當一回事，只好積極地採取行動了。」

「再這樣下去一直沒長進，我在這家公司可能會待不下去。」

如果能製造出這種危機意識，就是正確的指導，因爲本人能清楚知道自己接下來該做些什麼，也不會發生「跟人講話時被忽視」、「突然被公司解雇」等風險。

「必須有所改善。」

「我必須改變自己才行。」

像這樣正確的恐懼是有其必要性。

正因為有恐懼，人才會成長，才會改變。

一旦知道了努力的方向，意識到「**只要努力就能避免恐懼**」，人便能夠正確地面對現實。

搭配像這樣「**正確的逃生路線**」，可說是非常重要。

只要指責「有明文規定」的部分就好

在這方面，將「**評價標準明確化**」的機制相當有效。

「達成○○，就會給予高評價。」

「若未達成○○，則不予評價。」

只要針對這類「有明文規定」的部分去指責就好。

反之，**「未經明文規定」的事情就不能予以懲罰**。舉凡不在規則裡的，絕不做出嚴格指示。

要記得，**永遠只檢討「機制」的部分**。

如此一來，**「經明文規定的規則」便會產生出價值**。

一旦有了明文規定，就變得更有意義，進而能夠提升必須加以遵守的意識。

然而，透過「錯誤的可怕」來管理的公司，至今依然爲數衆多。

愛生氣的老闆或經理，加上對此習以爲常而相互安慰的年輕員工，還有藉由拍馬屁在公司中創造一席之地的資深員工……靠著這樣的相互關係運作的組織，可說是處於最糟狀態。

必須立刻由具備第1章的「責任與權限」的領導者，來對「機制」進行調整才行。

建立能讓人產生「危機意識」的機制

以前述所謂「可怕」的定義爲基礎可知，能夠驅動人們的，就是「危機意識」。

這正是本章的主題，在此重新深究一下「危機意識」這一詞。

舉個例子，「驅動」一詞經常遭受到誤解，就如同第120頁所提到的職權騷擾的例子，很多人都會將其理解爲「一種會導致很大心理壓力的狀況」。

事實上卻是完全相反。當你知道目標在哪裡，且周圍的人都朝著該目標飛奔而去，這時你所感受到的應該是，**一種類似迫不及待的感覺**。

這樣的迫不及待，會讓人重新思考工作進行的方式，並實際改變人的行爲，心中也不再有迷惑，精神上會變得相對放鬆。

在大的安全之中，感受到小小的危機感。就如同遊樂園裡的遊樂設施，都是在已知「安全」的狀態下享受「刺激」。

只要是在公司組織裡，基本上其就業便受到保障，絕對不能有任何職場騷擾的行爲。雖然公司或許有倒閉破產的風險，但也不至於現在立刻就活不下去。

正是在這樣的安全之中，盡可能予以驅動，而具備這樣的「機制」眞的非常重要。

所謂的「距離感」及「時間限制」等機制

那麼，爲了讓人擁有正確的危機意識，實際上該建立怎樣的「機制」才好呢？

人類是一種會對從未見過的人，產生「恐懼感」的生物。

不論是電視上的名人，還是大企業的老闆，在素不相識之前，應該都會覺得，他不知是怎樣可怕的一個人。但實際見到後便會發現，這些人絕大多數都十分親切和藹、溫和有禮。「這人比我想像中的還要好。」幾乎都是如此，對吧？

人的大腦就是會如此深信不疑。

因此，反過來利用這單純的機制就行了。

只要是幾乎沒見過或僅偶爾見到，人便會緊張；一旦頻繁地見面，變得很熟、很要好，緊張感便會消失。

爲了成爲人上人，就必須「**有意識地減少見面次數及說話的時間**」，亦即**要改變溝通方式**。

首先，請決定交談的次數與時間長度，像是「每週開1次會。」、「每次開會都要在30分鐘內結束。」一開始就把這些都決定好，而且之後不再增加，避免過度交談。

很會照顧別人的人，在這方面往往不明確，因爲他們深信「要多花些時間慢慢來才好」。

發生嚴重問題或下屬要求說想談一談的時候，當然應該配合一下，這種時候就不需要「30分鐘以內」之類的時間限制。

不過，正如第123頁所提到被老闆訓話的例子，給人們一種「被傾聽」的安心感，是錯誤的做法。

去收拾下屬的爛攤子，試圖幫下屬解決問題的態度並不妥當。因爲主管的力氣不該用在這方面，應該要專注於自己的工作才對。

做爲一位人上人，請試著**實踐「保持距離感」及「設定時間限制」的機制**。

實際嘗試後便會發現，下屬變得能夠自行思考並做出成果。

有一種和善叫做「在一旁溫暖地守護」

這是個眞實案例，發生在一家首次引進識學的企業裡，那時我還在獨資經營識學事業。當時該公司的老闆與員工們都很熟稔，關係很好。

若身處其中，或許會覺得這是個氣氛很好的大家庭；但從外面看來，該公司缺乏緊張感又充滿裙帶關係，老闆似乎有被輕視的傾向。

而後，隨著識學的引進，我告訴老闆應該要有意識地與員工保持距離才行。於是便成功營造出適度的緊張感，這讓員工們都能專注於自己的工作，結果銷售額便提升了。

並不是要讓老闆與員工的關係冷漠、緊繃，若將這種緊張感描述成**「在一旁溫暖地守護」**，或許就能夠傳達其細微差異。

乍看冷漠無情，其深處往往存在有一種「溫暖」。

若是只靠表面的印象或感覺來判斷，就會看不見其本質。

製造「同儕壓力」

有個詞彙叫**「同儕壓力」**，意指光是有人在附近，便足以讓人產生危機意識。

之所以在咖啡廳或圖書館工作很有進度，在家中卻會鬆懈怠惰，就是因爲缺乏「緊張感」的關係，而人性軟弱論也適用於此。

就主管和下屬的關係而言，最重要的是「設定目標與評價結果」。除此之外的部分，都可交由下屬的權限去處理。

恰到好處的距離感，能為下屬帶來好的壓力。

藉由創造這樣的狀態，就能使人成長，請務必採納這樣的機制。

「軟爛」是一種新的黑心

「黑心企業」一詞已相當普及，這個從2010年左右開始爲人們所使用的詞彙，指的是「過勞」及「職權騷擾」橫行的公司。

自從這個詞彙出現後，與工作方式有關的問題便逐一浮上台面，職場狀況很快便有了改善，感覺上班好像變得比較輕鬆愉快。

「可以準時下班了。」

「請特休假變得比較容易了。」

「主管不罵人了。」

然而，以年輕族群爲中心，上班族似乎又有了新的憂慮。

「少了嚴厲的回饋，無法成長。」

「想要更賣力地工作，但被分配到的工作量卻很少。」

「工作上毫無負擔，再這樣下去，很怕將來無法適應社會。」

人們開始感受到這種「**對於無法成長的擔憂**」。

這也暴露出了另一個面向，就是許多公司因爲太害怕被說是黑心企業，而剝奪了想更努力工作的年輕人的「成長機會」。

於是，近期又出現了「**軟爛黑心企業**」這個新詞彙。

到底怎樣才能消除這樣的憂慮呢？

一「想努力卻無從努力」的年輕人

另一方面，在「很辛苦但可以成長的環境」中工作，反而變得越來越有價值。

顧問業大受歡迎，跳槽到新創公司的人也不斷增加。因爲藉由完成大量工作，人就能有壓倒性的驚人成長。

雖然我不是很想提起老派的言論，但40、50世代身居要職以及同是身爲經營者，很多人都一致認爲「**年輕時賣力工作的經驗，會成為日後的寶貴資產**。」

當然也沒必要賣力到弄壞身體的程度就是了，如何選擇是每個人的自由。只不過，明明想要更努力工作，卻被剝奪了承受工作負擔的機會，這點不禁令人覺得實在是很有問題。

苛刻的黑心企業和軟爛的黑心企業，兩者的共通之處，就在於「**沒有明文規明定**」、「**界線模糊不清**」。

正如第1章所說的，人上之人必須要能「畫出界線」。

因爲沒做到成功履行此責任，才會偏向其中一種黑心。

「明明照著規定做出了結果，爲何不給我好評？」

「明明沒做出規定的結果，爲何卻能獲得好評？」

前者是缺乏界線的「苛刻黑心企業」，後者是缺乏界線的「軟爛黑心企業」。事實上，兩者的結構相同。

一邊是過度嚴苛，一邊是過度包容。甚至還會因個人化而導致評價出現個人差異，造成想要確實有所成長的年輕人都無法服氣，於是紛紛辭職求去。

接受「調職」後的新進員工

在這裡要告訴各位，發生在我們公司的一個小故事。

我們公司曾把一批應屆畢業的新進員工，分發到福島縣的子公司去，讓他們在那裡負責廣告業務的工作。他們原本都希望能被分到東京，但當時福島無論如何就是人手不足，於是我便做出了指令。

結果如何呢？新進員工乖乖地聽從了安排，前往福島就職，也確實做出了成果。

三個月後，福島那邊的體制因準備就緒，於是我便下令讓他們回到東京工作。而那時他們已經大幅成長到會說出「我還想繼續待在福島工作」的程度。

有些人光是聽到「要被調職到其他地區」，可能就會抱怨說：「眞是黑心企業。」

然而，以我們公司為例，在工作規定裡就明文寫著：「分發地點是由公司決定」。

因此，認爲這項規定不合理的人是無法成長的，只會懶散地一天混過一天，又或是滿口抱怨，終至離開公司。

盡力發揮自我能力的人，則會把這當成機會並試著從中學習，因此能快速成長，進入下一階段。

「明星部門」不是公司的全部

很多公司都存在有所謂的「明星部門」。進了電視公司，就會想要製作節目，進了製造商，就會想嘗試產品企劃。沒辦法，絕大部分人就是會這麼想。

然而，光靠該部門，是無法讓整間公司順利運作的。

在建立長遠職涯的過程中，進入明星部門的機會終究會來的，因爲這樣的人能夠**承擔公司賦予他的責任**。

若是對部門調動有諸多抱怨，而不願在最初的分發單位努力盡責，那麼這種機會恐怕也不會到來。

在前一個例子中，調職到其他地區的指令之所以被員工接受，是因為我們公司有明文規定。明確地寫下哪些範圍由公司決定，哪些範圍可由員工自己決定。

我們清楚地表明了界線，然後接受安排的人便能依序成長。甚至抓住該機會的那些人，還會進一步站在他人之上，成爲建立機制的一方。

請務必理解前述新進員工分發的例子，讓自己能對組織有貢獻，並成爲人上人，進而培育出這樣的人才。

在「危機意識」之後的下一步

至此爲止的說明，都是爲了讓各位對「危機意識」有正確的理解。

這時，想必也有人會覺得——

「我才不想要有什麼危機意識呢！」

「我不想要成長。」

或許也有一些人無法認同先前提到的調職的例子——

「我選擇不需調職的內勤路線。」

「我選擇兼職、打工。」

當然這畢竟是個人工作風格的問題，確實也有這些路可走。

可是，相對地你更應該知道，比起儲備幹部之類可能需調職的職務，一般內勤的待遇較差，也不會被分配到責任重大的工作。

這世上存在著所謂的「取捨」，也就是魚與熊掌不可兼得的關係。

「我想要高薪，也希望能有所成長，但我不想負擔責任，所有不合我意的公司命令都是不合理的。」

哪有這麼好的事！

只要選了某些，就會失去另一些，人是無法逃脫這樣的「機制」。

要能夠給人「恰到好處的危機意識」

人上人能夠持續給予對方「**恰到好處的危機意識**」，而其訣竅就在於，**永遠要把目標設定得稍微高一些**。

這部分也是不好好說明容易引人誤解，甚至有些人還會誤以為「總之只要設定很高的目標就對了」。

「明年請將你個人的銷售額增加到10倍。」

「請做出比公司要求多100倍的努力。」

可能會有人像這樣，設定出絕對無法達成的過高目標，而員工本身也或許會為自己設定難以達成的離譜目標。

「明年我要把銷售額提高到10倍給大家看！」

你們公司裡是不是也有這種想要展現幹勁的人呢？

然而，像這樣展現氣勢，只是一種「**應付當下**」的行為。

聽了下屬的「很好，要加油喔！」這種宣言，有的主管會如此表示認同，但身為管理階層，此反應其實非常不妥當。

因為這樣的支持會變成一種「**對沒達成目標的認可**」，亦即變成從設定目標的階段開始就同意「沒達成目標也沒關係」。

舉例來說，假設主管希望每個獨當一面的業務，都要立志達成「銷售額1億日圓」的終極目標。為此，就該分階段設定每週、每月、每年的目標。

運動神經再怎麼好的人，也絕對無法爬上過陡的山坡。但只要像爬樓梯一樣，朝著目的地緩緩前進，回過神來，便會發現自己已登頂。

這是眞理，不只是工作，而是所有事情都是如此。

因此，主管必須持續給予一步步爬上階梯時恰到好處的「**負擔**」，也就是「**好的緊張感**」。

「只要再努力一點就能做到，只要再加把勁就會成功。」

如此長期持續下去，以建立良好職涯。

若能像這樣達成個人目標，接著就有機會站在他人之上。

「什麼時候會變輕鬆？」的錯覺

當此話一出，就會有人說——

「那，到底什麼時候才會變輕鬆呢？」

事實上，**「終有一天會變輕鬆」的想法，本身就是個錯覺。**

你會對跑馬拉松的人說：「何不搭計程車到終點？」嗎？

你會對釣魚的人說：「何不到超市買魚？」嗎？

自身必須要意識到，這種想法有多麼地失焦且沒有重點。

人只要依舊身為人，就永遠不會滿足，當感到滿足的那一瞬間，就是人停止成長的那一刻。因此，所以這種事留到你退休過餘生後再想即可。

每到一個階段，只要稍微回顧一下人生，若能覺得還不賴，那就足夠了。因爲那僅是一個瞬間感到輕鬆的時刻，隔天重新再打起精神，思考著「我要更上層樓」。

不論是怎樣的工作，事業的人都說他們永遠做不膩；生產製造是如此，體育運動是如此，經營管理也是如此。

當覺得「已達極致」時，又會看見另一番風景，並持續想著「這樣還不行」、「人外有人，天外有天」。

若是抱著嘗試心態體驗該工作的外行人，便會說：「不過就是這麼回事嘛」、「我大部分都懂了」。

任何工作，只要持續做下去，總是會有新發現，同時也會有新的障礙出現。

這是因爲透過工作，讓自己看事情的解析度變高了，而且會延續一輩子。你必須和「永不滿足的危機意識」和睦相處，直到最後。

人上人請在理解這點之後，好好指導下屬及員工。

第2章
複習

妥善利用「危機意識」的提問

提問1

你有理解「可怕的人」的真正含意嗎？

在工作上，所謂「可怕的人」，其實並不是指會否定他人人格或以職權騷擾員工的人。

所謂「可怕的人」，是「在工作上要求的標準很高」、「會給予明確回饋」；亦即具有明確的判斷標準，會在工作上展現出嚴格一面的人。

藉由採取明確的評價標準，不論由誰來看都不會有「不合理的部分」，下屬也不會找任何藉口。

請務必要建立這樣的關係。

提問2 **你是否會「訓話」？**

即使花了很長時間訓話，人也不會改變。甚至反而會讓對方誤以為，「被主管當成了一回事」，於是感到放心。

結果下屬無意識地覺得「這樣就可以了」，因而獲得存在的意義。

所以別再訓話了，那只是讓自己感覺良好而已。

要讓下屬「發現需要改進之處」，這才是進行溝通的目的。

提問3 **是否有給對方「自行思考的時間」？**

「再這樣下去一直沒長進，我在這家公司可能會待不下去。」

「總之，為了要改變現狀，就必須有所改善才行。」

一旦給了對方這樣必要的指導，正確的恐懼便會在其心中萌芽。

「達成○○，就會給予高評價。」

其實只要告知對方這樣的明確規則，接著就留給對方一些時間思考。

除非是什麼特殊狀況，否則人上人最好不要「與人過度交談」。

請遵循「保持距離感」及「設定時間限制」的規則來讓人成長。

提問4 是否剝奪了「想成長的人」承受工作負擔的機會？

請不要製造出「明明沒做出規定的結果，為何卻能獲得好評？」的「軟爛黑心企業」。這會讓想有所成長的年輕人無法服氣，紛紛辭職求去。

身為人上人，請持續實行「永遠把目標設定得稍微高一些」的做法。

並非訂出「總之很高的目標」，而是「稍微高一點的目標」，這才是能夠成長的負擔。

以上便是回顧第2章重要內容的提問，請理解「危機意識」的本質後，妥善予以採納。

第3章

要能夠認輸

——「比較」與「公平」

想與周遭相處融洽地開心工作嗎？
應該每個人都會回答：「當然想！」

那麼，假設你走進一家餐館。
在廚房裡，正職與兼職員工們融洽地聊著天，
他們看起來十分地愉快。
如何？這樣的店家你還會想去消費嗎？

另一家餐館則是，員工在營業時間內絕不聊天，
總是各自專注於自己的工作，
而打烊後他們或許會開心地一起閒談聊天。
事實上，這樣的工作方式，
才是「想與周遭相處融洽地開心工作」的真實樣貌。
也因為這樣才有鬆有緊有對比。

到底有誰會想在「總是很歡樂的職場」工作呢？

人無論如何都會在「心裡」互相比較。

「一旦有競爭，職場上就會殺氣騰騰。」

很多人都這麼說，但真是如此嗎？

人類總是透過比較的方式，來認知價值。

例如，在某家店吃了拉麵覺得很美味，便會與以往嚐過的拉麵做比較，藉此認知這次拉麵的味道。

此外，當愛上某個人的時候，也會把這個對象拿來和至今遇到的人們相比，藉此認知這個人之於自己的價值。

人就是一種會去比較、也會被比較的生物，所以最好基於此前提來建立機制。

明明就在心裡比較，但表面上卻不讓大家競爭，這是違反事實。

以「想成長的人」為基準

人上之人必須建立與人比較的「機制」。

例如，以業務銷售來說，就要**公開銷售數字**。

這當然是爲了讓大家知道各自的相對位置，從而提升所謂「正常」的標準。

藉由清楚面對事實，人便能夠產生危機意識。

「與他人比較是沒用的。」

「我才不跟別人比。」

大家都會這麼說，但不可能真的不在意。

基於此前提，最好**別為了避免與他人比較而「默默揣測」，這會讓努力的人不再努力**。甚至會讓本來就不努力的人獲得定心丸，徹底失去危機意識。

任何時候，都要以「想成長的人」爲基準來判斷，不可剝奪人們「成長的機會」。

若是屈服於來自下屬「不想跟人比」的抗拒情緒，判斷標準便會模糊不明。

人上人應掌握先前所說明的「責任與權限」和「危機意識」等概念，一定要建立出「**競爭環境**」才行。

消除「隱性知識」

「我好羨慕那個人。」

「我不想輸給那個人。」

在社會上，我們必須隱藏這類的情緒。

然而，考量到人的成長時，以人都有這些情緒爲前提來建立組織，往往更能獲得成果。

「那個人做到了，那我應該也能做到。」

能不能這樣想，正是關鍵所在。

「總之試試看，先向成功的人學習。」

如此的單純坦率會讓人成長。

人上人必須針對這部分建立起「機制」才可以。

在組織裡，有所謂的「**隱性知識**」存在。正如第38頁也提過的，那是指一種個人技能被私藏起來，答案只藏在特定人員腦袋裡的狀況。

爲了讓這些知識顯露出來，機制化是必要的。

請教那些工作做得好的員工，進而打造「成功模式」，也就是所謂的「手冊」。

「一開始做了怎樣的假設？」
「然後採取了什麼樣的具體行動？」
「之前有過哪些失敗經驗？做了哪些改善？」
「基於此經驗，你覺得哪種方法是可以重現的？」

聽取並整理這些工作流程，且共享資訊，讓每個人都能取得這些知識，進而實踐。

不論是剛畢業的新進員工還是轉職來的新夥伴，都要能立刻付諸實踐。若是一開始就讓他們用自己的方式做，往往只會養成奇怪的習慣。先從基礎開始徹底學習，才能加速成長。

這是某間企業的真實案例，該企業遇到了轉職來的人根本毫無成長的問題，原因就在於對他們過度期待。

「竟然願意來像我們這樣的公司，真是太令人高興了。」

「在工作上，你喜歡怎麼做就怎麼做吧！」

亦即受到了有如客戶般的款待。

對無法遵守新公司規則的人，其轉職將會是一種不幸。

「我們全公司都適用這樣的規則，還有手冊明文規定。」

「你也要接受同樣的評價標準。」

人上人要負責明確地傳達此事，如此一來，「和我之前的公司不一樣」、「我認爲這做法不對」或許會像這樣遭到抗拒。

然而對於抗拒，應該要認眞嚴肅地予以駁斥，若最初的溝通一旦含糊不清，日後必定會引發問題。一旦給予特別待遇，便會導致「有說的人就贏」。

不看人，要看機制，這樣才能做出負責任的判斷。

以「整體利益」為優先的意義

正如我在本書中一再強調的，人上之人要看機制，不看人，而這是為了「**保持公平**」。

就像前一節所說的，在面對轉職者時，一旦對「眼前的人」想太多，便會猶豫而難以判斷。

討好單一人物，會讓整個組織走往不好的方向，而這種事其實經常發生在許多企業或公司當中。

在公司裡的角色、一般人的角色

人其實很軟弱。

眼前若是有人遇到困難的話，「想伸出手幫忙」、「想當個好人」可謂人之常情。

明明在公司裡連正眼都不看的人，在外頭遇到時卻熱絡地聊起來。

你是否也曾有過這樣的經驗？

這是因爲在公司裡的「角色」消失了，彼此回到單純的「一般人」之間的關係。但一回到公司，又會變得完全不交談。

所謂的人際關係就是如此，**所有人都在扮演「角色」**。

因爲每個人都有各自的「責任」，而在這分責任之中，有著明確的**「優先事項」**。

有些人可能對此感到不舒服，於是脫離了上班族生活。

「想要以一般人的方式互動相處。」

「想要以個人的身分彼此接觸。」

有的人就這樣選擇了自由工作者的道路，或是其他不同的職業，「辭職開店」也是一種典型。

脫離的那一瞬間肯定很暢快，可是「要接新工作」、「要雇人並交付工作」當這些階段來臨時，又會產生人際關係的問題。

如果是退休歸隱山林之類完全脫離賺錢之路的話，那是另當別論。那樣的人確實是不必扮演角色，能以一個人的身分生活下去，不過這並不是所有人都能做的選擇。

而且，無法於個體成長的同時也在組織中獲得巨大成果，反而會令人不禁懷疑，「那樣真的開心嗎？」

不過，每個人的價值觀都不同，這也勉強不來就是了。

著眼於「整體利益」

身處組織的好處，終究還是在於「能和大家一起取得巨大成果」。

爲此需負有責任，並貫徹自身角色。

因此，**人上人要選擇「組織的利益」，必須公平地評斷人們**。

這正是本節一開始所說的，要看「機制」而不要看「人」的本質。

「差異」不過就是一種優勢罷了

「公平與否」這件事，想得越多，就越是難以判斷。

舉個例子，有一家公司的總部位在東京，而大阪則有營業所。在這種情況下，由於東京和大阪的市場狀況不同，因此在設定目標時必須有所差異，否則就會不公平。

「大阪只要達到東京的目標的80％，就算成功。」

假設，我們定下了這樣的規則。

結果東京的人可能會覺得「大阪的人真輕鬆，好羨慕。」而大阪的人也可能覺得「差距應該要更大才合理，只降到80％根本就不公平。」

沒錯，每個人的感受都不一樣，所以人上人必須堅定地展示出「公平」的判斷標準才行。

讓「努力的人得利」的公司

一旦誤解「何謂公平」的意義，想努力的人就會辭職求去。

舉例來說，假設有一家公司採取年資制，依任職年份決定薪資，那麼「同時間進公司所以薪水一樣」是公平的嗎？

這其實有根本上的錯誤。**給予努力的人回報，才是真正的「公平」，這樣努力的人才會繼續留下來。**

而在此需注意的是，**「沒獲得讚許的人的反應」**。

以客觀而明確的標準，來製造薪資差距，便能創造出「正確地認知自身失敗，進而產生危機意識」的狀態，就會進一步促成「下次要更努力」的意識。

當建立以此爲前提的「機制」，即可達到「公平」。

因此，對於取得一定程度以上成果的人，公司透過MVP之類的獎勵給予高評價是很有效的。

那是一種來自公司的訊息，「哪些人顯然贏了？」、「輸的人該朝哪個方向努力？」能夠讓這些事情清楚顯露的機制。

另一方面，若是**讚許無用的努力，人們就會朝錯誤的方向前進**，會讓人以爲「只要這樣做就行了」。

所謂「評價」的機制，就是要如此慎重處理。該給予高評價的，就給予高評價；不該稱讚的，就不稱讚。

一旦讚許了不該讚許的，抱怨與便會持續不停，因爲**評價就是訊息**。

假如，加班時數最多的人，獲得公司頒發「努力獎」，你會有何感受？應該會覺得很奇怪吧？還是會認爲奇怪是再正確不過的反應？

「即使輸了也能接受的人」終究會成長

在明確的評價制度中，受到減薪待遇的員工會如何呢？會怨恨公司，與上司對抗嗎？

恰恰相反。由於是經明文規定的規則下所接受的評價，所以別無選擇，只能接受。

就如第1章所說的，員工已被賦予該有的「權限」。

「大環境條件差，所以做不到。」

「公司的狀況不好，所以沒辦法。」

無法像這樣怪罪他人或環境，於是受到負評的人就會拼命努力。

雖然其中有些人可能會離開，但大部分的人都會選擇嘗試看看，然後令人驚訝的事情就發生了。經過2～3年，這些人會像是變了個人似地開始快速成長。

這正是面對「**必要的恐懼**」所能得到的結果。

一旦遭受負評，或許會讓人瞬間感到心寒，不過長期看來，這對工作的人來說，其實會轉變為一大加分。

反之不給予負評，而是做出含糊不明的評價——

「沒辦法了！總之，就這樣繼續盡力而爲吧！」

像這樣反而會導致該本人無法成長，才更爲殘酷。

「為工作本身而煩惱」是幸福的事

工作上的煩惱，若不是因「競爭激烈」所引發，原因往往會在於「人際關係出了問題」。

「事情是由人的好惡來決定。」

「公司內，存在著表面上看不見的派系。」

人們往往會因這種個人化的問題而離職求去。

假設，你離開公司自己開一間店，那麼這時與競爭對手之間的顧客爭奪戰，才正要開始。

爲競爭而煩惱是理所當然，因爲不論往哪兒去，競爭永遠都陰魂不散地緊緊跟隨。就如本章一開頭所提到的，「人活著就是會比較」。

如此想來，不必煩惱人際關係，處於可以只專注於工作的環境，真的非常幸福。

「怎樣才能賣更多？」

「怎樣才能增加成交量？」

與工作本身有關的煩惱會伴隨你一生，既然如此，不如就把這想成是「得到了成長的機會」吧！

「把人降級」的真正目的

前面已針對「公平」的本質做了說明。

人上人首先要「建立起良好的環境」，然後「對每個人都會成長抱持信心，將工作交付下去」。

不過要特別留意，必定會出現「我要做管理工作還嫌太早了」、「我在這部門無論如何都做不出成績」這樣的人，而且爲數還會不少。

這在某個程度上是無可奈何的事，畢竟要具備識人之明並不容易。

「**降級、減薪**」的機制，就是爲此而存在。

若只著眼於這點，聽起來恐怕很負面，但爲了發揮該員工潛力，這是本來就該有的必要機制。

正因為考量到未來前景，才予以「降級」

把「沒達標就降級、減薪」這件事，以明文規定是公司該做的事。如果「沒做出成果也不會有任何影響」的話，終究會導致「不努力也沒什麼關係」這樣的認知。

能否以一種責任的形式回歸自身，可說是極為重要的機制。

在學校沒拿到學分就會被留級或退學，**「若不努力做出成果，自己就會有危險」**，這是再合理不過的制度。

舉個例子，假設某位基層業務獲得了升遷，擔任起管理職，但後來其團隊一直都沒能達成目標，於是他就被「降級」了。

這時，公司進行人事異動，他被調到內勤辦公室，在那裡他又從頭開始努力學習。由於具備業務經驗，內勤工作進行得相當順利，結果又在該部門獲得升遷，成了優秀的管理階層。

這正是透過「機制」來讓人成長的本質。

不能只著眼於一時的「降級」，而是要從長期職涯的觀點，來予以理解、判斷。

「人事異動」的真正意義

前面所舉的例子中，「人事異動」是個重要的轉捩點。

對於預防「個人化」問題，其實「人事異動」也相當有效。

在識學裡，原則上每3年就會進行一次人事異動。

因爲不論再怎麼藉由機制化來切換思維，**只要在同一個部門一直做著同樣的工作，就免不了會產生「個人化」的毛病**。

人一旦習慣了一種工作，就會盡可能以最不努力的方式完成作業。

擁有多個部門的企業，人事異動可發揮其效果。

如果是以業務爲主的公司，或許無法進行這類人事異動，但可以重新分派業務範圍或是變更負責窗口。像是「改變銷售的商品或服務內容」、「變更責任區域或負責人員」等，加入一些能讓人改變想法的變化。

若是放著不管，就會變成只是對著同一客戶執行例行公事，便足以持續達成目標。

而這樣的狀態，其實就是即將邁入「個人化」的前一階段。

於此時進行人事異動等調整，能夠重新設定，使其再次回到從頭開始的嘗試狀態。

雖說是重新設定，但畢竟還是傳承了先前的業務技能，故可用更寬廣的觀點來應對下一個職務。

像這樣，**藉由逐一跨越一道又一道的高牆，進而擴大眼界的人，必定能「出人頭地」。**

「只做單一工作的人」是風險所在

如果是只有單一部門經歷的人，從基層開始力爭上游而終至出人頭地的話，會產生什麼狀況呢？

舉例來說，假設有個一直都只做銷售工作的人，努力往上爬到了業務經理的位子，但這位業務經理只在意自己賺錢。

永遠都維持著業務的行動模式，把「自己的做法」強加給所有人，使整個部門一致化。而且只有對此毫無意見的人才會得到極高評價，得以晉升為其副手或課長。

在主管與下屬的關係方面，也會產生「既得利益」的問題。同樣的上下關係一直持續，就會出現「壞的權利」。

簡單地說，就是「**感情太好**」，以致於產生出「只為了跟著這個主管而努力」的現象。

這樣的情感與第67頁提到的「個人魅力」一樣。或許能在短期內發揮力量，因為情感的產生多少具有激勵人心的效果。

然而長期看來，當該主管換到別的部門或離職時，下屬們往往會將此舉認知為，是對公司有所不滿或不信任。

「可以在任何地方一個人生存下去。」

「不論在什麼樣的組織中，都能夠工作並取得成果。」

在思考個人的成長時，應該要有像這樣的期待。

就和人事異動一樣，主管與下屬的組合，也必須要有定期改變的機制才行。

基於相同的理由，各個客戶的窗口等，也最好要重新分派。一旦有所異動、調職，負責的人員就會改變，客戶可能會反映——

「之前的窗口比較好。」

「如果要換人，我們就不跟貴公司合作了。」

其實組織若有正常運作，應該就能妥善交接轉移，也能建立出「不論**由誰負責都能發揮同樣表現**」的機制。

爲此，必須將自己的工作「**手冊化**」，要教會別人該怎麼做才行。

一旦有了機制的觀念，還可避免改換負責人員時的風險。

相信「人會成長」的機制

識學也有降級的機制，而且不會特別對被降級的人提供支援。由於是在明確的規則下進行降級，若是予以關照，反而會變成一種特殊待遇。

針對「是否有提供任何支援給沒被選爲箱根驛傳接力賽成員的人？」這一提問，青山學院大學田徑部的原晉教練的回答是——

「我們不提供任何支援，因為標準很明確。」

識學的態度也是如此——**標準明確，人就會成長。**

「由於員工都沒成長，所以從外部請來負責人與主管。」

很多公司都如此，但其實這種做法是最後手段。

例如，當公司不具備培育IT人員的能力時，從外部聘請工程師，這是沒有問題的。

若是公司的主要業務，由於具備培育能力，就不該從外部召募。一旦這麼做，就等於是承認「**我們公司沒有培育人才的機制。**」在第一線工作的基層員工，也會因此迷失未來的職涯發展方向。

請相信人會成長，並爲此建立機制吧！

建立維護「公平」的機制

人事異動和降級的機制，必須要是經營階層才能建立。

本章最後將爲各位介紹，管理階層也能夠建立的「公平」機制。

消除對工作動力的誤解、依成果來評價、工作流程的部分，就交給下屬或員工自行思考。

我要介紹的就是這樣的方法，雖然會與先前的著作《主管假面思維》有些重複，但還是請各位整理複習要點後，再進入下一章。

不要考慮「工作動力」

首先你必須記住，別想著要激勵大家，或是給予努力工作的理由，也就是不要做「工作動力管理」。

「告知好處」是一種很糟糕的溝通方式。

例如，請對方處理工作事務時，採取「下次我會請你吃飯」、「下次我會叫別人做」這類給予獎勵的方式，相當不妥當。

難道讓對方做工作是一種懲罰嗎？

就是因爲這麼想，才會在交付工作時一併給予獎勵。

請先從不考慮工作動力開始做起。

「只看結果」的作用

「這次是我努力不夠。」
「下次我會拿出拼勁來。」

聽取下屬報告時，一旦聽到這類說法，如何回應便是關鍵所在。這時你應該思考的是，聽報告並不是在聽藉口，只要確認「接下來會採取怎樣的行動」就好。

「接下來，你打算怎麼做？會如何改變行動？」

要像這樣確認，藉此引導對方採取下一步的具體行動。

這樣的工作就像在操作系統一樣，必須以機械性的方式執行。你還得努力抗拒下意識往情感靠攏而聽了過多藉口的自己才行。

爲了像這樣成爲只看結果的人，建議你採取第132頁已介紹過的「有意識地減少見面次數及說話時間」的溝通方式。

在這世上，「稱讚過程」被視爲正確。即使成果沒有隨之而來，只要在過程中很努力，人們就傾向於給予好評，這已成爲常識。

然而，若是看到有人加班，便稱讚說：「眞的好努力。」對方就會覺得「原來沒做出成果也沒關係，只要有加班就行。」更不會改變其行動。

若要確保對下屬而言的「公平」，維持和下屬間的「距離感」是非常重要的。

只要像這樣，**發揮「不考慮工作動力」、「看結果」及「不看過程」的作用，就能成為可讓人成長的主管或領導者。**爲了成爲人上人，這技能必不可少。

以上，在第1～3章中，我們已瞭解許多和「**責任與權限**」、「**危機意識**」及「**比較與公平**」這些關鍵字有關的說明。

光聽詞彙就很容易產生誤解，不過藉由逐一消除誤解的方式，相信各位應該已漸漸理解其眞正的深層意義。

從第4章開始，就要進入更大層次的話題。

你為何存在於組織之中？為什麼在這家公司工作？

就讓我來爲各位說明其眞正理由。

第3章
複習

注意「比較與公平」的提問

提問1

你是否在逃避「比較」這件事？

人就是一種會去比較、也會被比較的生物，所以最好基於此前提來建立機制。人上之人必須建立與人比較的「機制」，然後給予努力的人回報，這樣才是真正的「公平」。

這樣努力的人才會留下來，而沒獲得讚許的人也才會在意識上有所改變。

以客觀而明確的標準，來製造出差距，便能創造出「正確地認知自身失敗，進而產生危機意識」的狀態，這樣人們就會覺得「我下次要再更努力」。

建立以此為前提的「機制」，組織就會變得「公平」。

因此，你必須徹底做到「該稱讚的就稱讚」、「不該稱讚的就不稱讚」，要繼續比較下去才行。

提問2　你是否認可「歸咎於環境的藉口」？

「大環境條件差，所以做不到。」

「公司的狀況不好，所以沒辦法。」

你有沒有像這樣把責任推給環境呢？

如果周圍的同事在同樣的環境中有做出成果，那這就不是理由了。

一旦在經明文規定的規則下接受評價，就別無選擇，只能接受。正因如此，才被賦予了第1章所說的「權限」。

別怪罪環境，要選擇繼續反覆嘗試。

杜絕含糊的評價，正確地與人比較，人就會採取正面積極的行動。

提問3　是不是產生了「人際關係上的問題」？

工作上的煩惱，源自於「人際關係方面的苦惱」。「事情是由主管的好惡來決定」等諸如此類的人際關係問題，會讓人想辭職求去，所以要創造出能夠「只專注於工作」的環境。

為此，就必須靠規則來經營組織，要徹底機制化才行。

身為人上人，就該採取公平公正的立場，絕不允許偏袒徇私。

提問4 是否能接受「負評」？

世上有所謂降級或減薪等負評機制存在，請務必要能接受。

如果沒做出成果，也不會對薪水或評價有任何影響的話，就會讓人產生「不努力也沒什麼關係」的認知。

能否以一種責任的形式回歸自身，是極為重要的機制。

「都是同樣的上下關係」、「都是相同的業務內容」、「都是一樣的客戶」等狀況，將會導致個人化。

而透過適度的改變、替換，便能創造該本人的長期成長。

以上便是回顧第3章重要內容的提問，請理解「危機意識」的本質後，妥善予以採納。

第 4 章

看不見的手——「企業理念」

假設有一種你「非常討厭的服務」存在，
該服務會導致公司損失，而你真心如此認為。
就在此時，有人來挖角你：
「要不要來我們公司工作呢？」

深入瞭解後才發現，
那是一間專門提供你討厭服務的公司。
正當你想一口回絕時，
對方提出「保證年薪 1 千 5 百萬日圓。」
那麼，你會因此動搖嗎？

恐怕不想做的事，還是不想做，
這種感覺可說是再正確不過。
畢竟在工作上，「價值觀」非常重要。

接下來，就讓我們來談談這部分。

要掌握「所前往的方向」

在第1～3章中，已詳細解釋了「機制化」對於成為人上人而言，有多麼必要。而此概念與前著《主管假面思維》及《數值化之鬼》也具有一定的共通性。

接下來，要談的是本書的核心。

機制化，說到底還是要先有了該達成的「目標」之後，才必須具備的思維方式；換言之，它是一種「**手段**」。

對於預計前往的方向有認知差距，就是一種不確定到底為了什麼而工作的狀態。當然，目標有個人與團隊之分；若是基層員工，最重要的還是面對眼前的任務，要負責扮演好自己的角色才行。

最好也要瞭解一下，主管及老闆、經營者試圖把團隊帶往哪裡？

每個公司都有自己的「理念」

正如在第73頁已提過的，有所謂「願景」和「目標」的概念存在。任何公司都必定有創始人，基於希望對社會實現的想法，或是某些無法放棄的強烈動機，而創辦事業。

而這時所建立出來的，就是「**企業理念**」。

「我們公司進行生產製造，是爲了豐富人們的生活。」

「我們要爲社區帶來當地最棒的建築。」

「我們公司把食物送到全世界各地。」

就像這樣，任何公司應該都有「企業理念」。

剛以應屆畢業的身分進入一家已存在一段時間的公司時，或許會覺得「薪水」就是目標。因爲是知名企業、大公司、年薪很高……

我想很多人都是基於這些理由，一開始是「爲了錢」而開始工作。

然而光是如此，**無法體會到持續工作下去的真正樂趣**。

永遠都該存放在腦海裡的事

人生有更重要的事，與「**為了什麼而活著**」這件事也直接相關。

若在這方面有差距，終究會變得不知自己到底爲何要在那裡工作。

所謂的「企業理念」往往都被輕忽了，或許是因爲「理念」一詞聽起來很像在說教。

年輕時，應該都不把這類東西當一回事，或者可能也有一些中堅員工、資深員工，由於年輕時拼命工作，不知不覺地便放棄了成長，死命纏住公司不放，從沒思考過企業理念是怎麼一回事。

的確，在日常工作中，不會有人沒事就確認一下「我們的企業理念是○○，對吧？」而且彼此互相談論此事，還挺尷尬的。

然而，**企業理念應該要持續存在於每一位員工的心中才對**，因爲所有員工是於其之下齊聚一堂。

可是不知爲何，一旦將它說出口或是認眞以待，便會覺得無比尷尬、十分丟臉。

就讓我們深入探究，這樣的情緒到底從何而來？

設定目標的「尷尬」之處

「我想要出人頭地。」
「我想要年薪千萬。」

在前一節提到了談論理念的尷尬感，幾乎不會有人公開說出這類展現拼勁的目標。

「說到且要能做到」是有風險的，更何況任何時候第一個說出口的人，總是最尷尬。

同樣道理，也沒人會把自家公司的企業理念，自豪地公然掛在嘴邊。

若是這麼做，就會被周圍的人取笑，認爲是過度表現自我的「高意識形態」，這就不可行了。

若是伴隨行動，有朝著目標努力前進的話，就不該予以嘲笑或說他人壞話。

「不想與眾人同流」的複雜情緒

「大家都○○，只有我××。」

人們總會崇拜這種無視規則、活得不受框架束縛的人。

由於我們都隸屬於集團或組織，所以採取「不與眾人同流的立場」就會顯得很酷。

另一方面，融入組織的人往往會被視為「壞人」。

在戲劇或動漫、電影中，經常以「有正義感的個人VS邪惡的組織」這樣的架構來描寫劇情，因為這種方式比較容易讓看的人投入情感，並產生共鳴。

對於「自己認為不合理的事情，主角挺身而出與組織正面衝突」，大家都崇拜這樣的態度。

然而現實並非如此，基於邪念而組成的集團，不過是依故事編造的部分情節罷了。

明明是在具有明確企業理念、對社會有所貢獻的公司裡工作，卻說什麼「這不是我該待的地方」，這才是真正沒水準的行為。

就像前面一再強調的，單獨的個人很軟弱，但由很多人集合成團體，就能夠成就大事。

唯有在這樣的組織之中，才可能達成「自我實現」。

在公司內自虐的人們

你讀的學校裡有壞學生嗎？

或者，其實你本人就曾經是不良少年？

壞學生會反抗學校的規定；而在公司組織裡也會發生類似的事情，亦即有些人會說自家公司的壞話，或是批評自家的商品及服務。

「敝社的開發部門，根本不瞭解市場。」

「所以我們公司很糟糕。」

「現在上頭的人完全不行，如果是我，一定能做出更多的改革……」

有些人會像這樣說著自家公司的壞話，即使是在其他公司或客戶面前，也是如此口無遮攔。

其結果便會導致，「我才不管公司有什麼企業理念呢」這樣的態度。
就因爲誤以爲這樣很酷，才會滿不在乎地這麼說。

你想成爲一邊反抗組織，一邊卻又繼續領著組織給的薪水和獎金的社會人士嗎？若眞的這麼討厭，趕快辭職換到別家公司，不是更好？
不知爲何，很多時候心不甘情不願地爲了薪水而工作，竟被視爲一種美德。

若是這麼不滿意，就早點成長並成爲人上人，自己擔起責任去改變「機制」。而且這是所有人都被賦予的機會，就看自己怎麼掌握。

英雄最終的「領悟」

前面曾提過，在戲劇及電影等的影響下，「人們總以負面角度來看待組織」。其實那些故事所描繪的結局，和本書所傳遞的訊息是一致的。

主角雖然是一個人，但其實一個人能做到的事情有限，需要在同伴與周遭的協助之下，主角才得以持續成長。

儘管一開始有些排斥、抗拒，透過共同的目標並互相合作，便能夠擊敗敵人與邪惡。

這樣的故事架構，和本書想傳達的要點完全相同。其最大的差異應該在於，是「一開始就把組織視爲邪惡」？還是「把自身所在的組織當成夥伴」？

然而，你要領悟到的，應該是後者。

靠著「看不見的手」在運作

你身處於目前所在公司或組織的「理念」之下，基於該理念而接受評價、獲取薪資，就像是被「看不見的手」給推動著、操縱著。

然而，只要組織中有理解並懂得實踐「機制化」思維的經營者或老闆、主管存在，就是「看不見的手」有妥善發揮作用的狀態。

如此一來，你就等於是置身於「**非做不可的環境**」之中。

在「無法逃避的環境」中該思考的事

身處於理解第1章的「責任與權限」，持續保有第2章的「危機意識」，並在第3章的「比較與公平」之中競爭的狀態。

「景氣不好所以賣不好。」

「商品不好所以賣不出去。」

如此一來，這些對環境的逃避與歸咎全都會消失。

因爲既能取得履行責任所需的權限，也能要求主管明確指示以獲取公平的評價。

然而，在你身邊應該會有即使身處同樣條件，仍能做出成果的人。若是那人就在身邊可以近距離觀察的話，你就能自然而然地積極投入於眼前的工作。

當只有一個人的時候，任誰都會感到軟弱，想怪罪環境，下意識逃避現實。可是，**一旦看到身旁的人努力的樣子，責任就會再次回歸自身。**

「我要重新檢討一直以來的工作方式。」
「我要從零開始質疑以往所謂效果很好的做法。」
能夠像這樣思考，是在組織中工作的一大優勢。
在優秀的組織中，「看不見的手」以一種機制的形式發揮強大作用。

是否有產生「變化率」？

在公平的組織裡，人們彼此激勵，相互提升。
而在識學中，我們以「**變化率正在發生**」來表達此種狀態。
舉例來說，當A展現出30%的成長時，周圍的人會受到其刺激，也開始呈現出10%、15%不等的成長。

一旦產生這種狀態，組織就必定會向上成長。

不過，也有公司是在A出現30%成長時，周圍的人卻毫無變化。這是由於「**競爭環境不完備**」的關係，也就是本書所說的「機制化」沒發揮作用。

有變化率的組織和沒有變化率的組織，兩者間的差異，就只有這一點而已。

切勿製造出「只有做出成果的A是處於特殊環境」的狀態。完備競爭環境的創造，是人上人的責任。

創造出公司內部的「秘製醬汁」

在機制化已發揮作用的組織裡，必然會發生「**停滯不前的人，很難與做得好的人交談**」這種情形。

這時，就需要第161頁所提過的「共享機制」。

此外，人上人有必要制訂出「**被詢問時應大方公開不可藏私**」的規則。

要做這件事的人，是站在「必須達成團隊目標」這種立場的人。換言之，這是基層的領導者或管理階層所該採取的行動。

我們都聽過所謂的「秘製醬汁」，這是一種製作出對手無法模仿的獨特配方，並持續遵照該配方，藉此從競爭中勝出的方法。

假設，這個配方只有創始人知道，且只有創始人和幾名員工在經營這家店。但若是不如此藏私，而是把配方傳授給可信賴的徒弟們，情況會變成如何？

這樣就能開枝散葉，拓展出許多分店，把這份美味傳遞給更多的人。

每一個人，都在這個群體中傳遞這個味道。同樣的，對整個組織做出這樣的貢獻十分重要。

而「**要與夥伴分享**」的思維，就具有這樣的力量。

你說得出自家公司的「企業理念」嗎？

如何？不必一字一句毫無差異地講出來，但若是對於「要實現什麼目標」沒有共識，那可就糟了。

任何時候，都必須在腦中有理念的狀態下工作才行。

若說不出理念，你如何知道要朝哪裡前進？這就像在不知方向的狀態下，盲目奔跑。

當然，假使你的主管很優秀，他依舊會帶領大家到達目的地。只不過，若是將來你想成爲人上人，那麼先知道這件事絕對有益無害。

首先，請重新瞭解貴公司的「企業理念」吧！

「深度的理解與接受」會延後到來

對「企業理念」的深度理解，是會「延後到來」。

一介基層員工，要基於「企業理念」來決定所有行動，這並不正確，因爲那是經營者該做的事。

而在組織中，人越是往上爬，就會越瞭解自己的責任，而「企業理念」的解析度也會變得更加清晰。

試著把這想像成「寫在山頂看板上的字，從山下也看得到」的狀態，或許就能夠理解。雖然從山下也看得見看板文字，但越是往山上走，便能看得越清楚。

「原來如此，所以那個時候才要做那個工作。」

「所以當時的那個事業，確實有其必要呢！」

就像這樣，理解會延後到來，這就是企業理念。

常常有一些企業會舉辦讀書會，試圖讓所有員工了解並接受經營者的理念。當然，讓員工知道理念不成問題，可是進一步要他們接受，並使所有員工都具有「經營者意識」是不可能的。

因為責任不同，有些東西就是要「背負責任」的人才看得見。

要承認觀點上的差異

在實務現場的基層員工們，可能會覺得「老闆就只會談理想而已」，所以這時中階主管便會發揮作用。

由於職位升高之後，就會比基層員工更能理解經營階層的意圖。

換言之，**當觀點變得不同，思維方式也會隨之改變**，必須肩負這樣的責任來面對基層才行。

「那個人升官後就變了。」
「變成了組織的人。」
遭受到如此的評論可謂理所當然，這樣的轉變才是眞理。

若是有別的熱情，就離開現在的公司吧！

假設，你已瞭解現在所任職公司的「企業理念」，並對其認同且共鳴。但就目前的環境而言，不論怎麼看都不像是朝著該理念的方向前進。

這種情況有時也是會發生，而會產生這樣的差距是有原因的。

最初的企業理念是由創始人所發想，隨著第二代、第三代的經營者繼承並延續下去，於是在某個層面上便漸漸流於形式化。

想必是因爲該理念已成了一種「借來的說法」，尤其所謂的上班族老闆（亦即受雇於公司的專業經理人）更是如此。

能夠保持最初的熱情的人，應該要成為老闆，這樣才能持續穩做人上之人。

若你對此有所不滿，那麼這樣的環境或許不是你的容身之處。

只有一種理由會建議你直接轉職換工作，那就是「**對企業理念已無法認同。**」

若是如此，那就抬頭挺胸地大方離去，然後「**找出想用自己一輩子去解決的問題。**」

尋找到這樣的使命，並且逕自創業也是一種選擇。像這樣自行開創事業的人，都是因爲找到了令自己無法放棄的理由。

如果有這樣的熱情，肯定誰都阻止不了，這也將成爲下一個企業理念，進而孕育出新的公司或組織。

只不過，當你有了那樣的想法並創業後，意識到「機制化」必要性的那一刻終究還是會到來。

「原來那時，那位主管，那個老闆所說的就是這個啊！」

事過境遷後的深刻體悟，終究會發生。

而關於這部分，將於終章再次爲各位闡述。

「缺乏理念的公司」是一種什麼樣的存在？

前面已針對企業理念做了說明，雖說每家公司都有自己的理念，但其實也有不具備的組織存在。

與本書第53頁所提到的個人處於「自然狀態」一樣，組織也可能會陷入所謂的自然狀態。

這是因爲有些人是「**為錢創業**」的關係，他們不知自己想爲社會做些什麼，單純只是爲了賺很多錢而已。

「只要能獲利，做什麼都行。」
「賺錢就是最主要的目的。」

這樣的組織，在面對員工時，只能如此告知。

當然也可能順利發展，並風光一時。因爲老闆有個人魅力，其所引發的向心力能讓所有能量都朝著賺錢的方向而去。不過，不久必定會在某處挫敗失利。

一旦少了應該要服務社會的宗旨，公司是無法永續經營。

獲利固然重要，但那終究只是在實現企業理念的過程中，爲了讓組織永續所必須做的事。

倘若只是一味追逐利潤，便會陷入如殭屍般沒有靈魂的狀態。不知該往何方，失去目標，就只是漫無目的地徘徊徬徨。

因為有理念，所以能建立「一致性」

以識學公司爲例，我們是以「儘快讓識學普及」的企業理念爲基礎，而這理念會成爲「經營者的判斷標準」。

同時，也會建立出一致性——**接近企業理念的，可以；遠離企業理念的，不行。**

我們透過集團公司經營名爲「福島火絆」的籃球隊，以及進軍併購仲介業務等行動，也都是基於「儘快讓識學普及」這一理念所做出的決策。

如果沒有這個判斷標準，我們終將成爲「爲了追求利益而爲所欲爲的團體，還缺乏道德」。

「再怎麼違反社會都沒關係，只要賣得出去、賺得到錢就可以。」

像這樣的企業，在理念這部分是模糊不清的。

理念與「實務現場的判斷」相關連

假如，我們公司目前有4000家以上的客戶，於是有人看上這樣的客戶數量，向我們提出如下的請求——

「能否將敝公司針對法人提供的新服務，推銷給那4000家公司呢？只要成功簽約，我們就回饋銷售額的20％給貴公司。」

像是這樣的提議，一旦接受了，肯定能帶來一定的銷售額。

然而，對照我們的企業理念便會發現，這並未貼近原本所謂「儘快讓識學普及於世界」的目的，因此我們便能做出「不那麼做」的判斷。

這是因爲「以什麼樣的公司爲目標？」、「想成爲怎樣的組織？」導致了這樣的決策。

人上人必須要能夠肩負起這個責任，包括基層員工的所有人則必須予以遵循。事過境遷之後，大家應該終究都能理解——

「所以那時公司才沒有引進新的服務啊！」

誤以為「由上而下的方式並不好」，是人們抗拒企業理念的理由。

「你們公司是由上而下，還是由下而上？」

這是經常有人會問的一個問題，但讀過本書後，你應該就能理解到這問題本身有根本上的錯誤。

決策是由上而下執行，但資訊的提供則是以由下而上為正確方式，這是管理上的不變真理。

也就是說，**有由上而下的面向存在，也有由下而上的面向存在**。這就像一張紙有正面和背面，而對話則包含說話與聽話兩件事一樣。

由上而下和由下而上，始終是一體的兩面。

只不過，基於由下而上收集來的資訊，進行決策的是人上人，而其決策是絕對且不容置疑的。

人上人負有責任，沒責任的人實際上是不可能做決定、下判斷的。

對於已將本書閱讀至此的你，這原因想必再明確不過。

「想達成的渴望」無法機制化

本章最後，要來說明一些雖然較偏向經營者立場，但就討論「企業理念」而言，必不可少的觀念。

許多引進識學的公司，都會提出這樣的問題，那就是「**可以教我們用『機制化』的方式來建立企業理念嗎？**」

關於這點，是不可能做到的。

接下來，就讓我來好好說明一下其理由爲何？

方法論有其限制

如前面所述，所謂的企業理念，是由創始人抱著「無法放棄的意志」所架構而成。

「公司的老闆想爲社會帶來些什麼？」

「想解決什麼樣的問題？」

這樣的想望，不是靠方法論能夠建構出來的。

有了企業理念後，**「如何讓這些理念深入滲透？」「如何讓公司長久存續？」**關於這些方法，識學都可以幫得上忙。此外，在**「總之，希望能擴展現有業務」**這部分，也能夠提供支援。

然而，對於身爲最高層的領導者，建議最好在此過程中，妥善地自行樹立企業理念。

空有創意，但卻停滯不前的公司

若擁有很棒的創意或商品，光靠其力量便可達到一定程度的商業化。有些組織就算只靠一位優秀的設計師或電影導演，仍得以成功經營。

只不過，環境會發生變化。

「再也做不出熱門商品。」

「靈感耗盡、創意枯竭。」

當這種狀況發生，「**組織的力量**」便會展現出來。不順利的時候，該如何由組織提出創意、維持同樣的實現速度，並改善失敗？

這樣的階段必定會到來。

不過，一旦出現這種情況就爲時已晚了。因爲僅靠著一個人的才能而生存的個人化組織，風險太大。

若不早點透過「機制化」來建構組織，最終免不了將以「破產」的形式承擔責任。

單憑個人的力量，能走多遠就走多遠，但很快就會達到極限。

對於這一事實，人上人應該要及早體悟並做好準備。

第4章
複習

重新認識「企業理念」的提問

提問1

你是否小看了自家公司的「商品及服務」？

你有沒有抱怨過自家公司？

可能或多或少曾以口頭方式表達過不滿，但有些人不止如此，他們還會說自家公司商品或服務的壞話。

「我們的產品完全不行。」

「別人的服務那麼好，我們沒得比。」

有的人會像這樣在其他公司或客戶面前，散佈自家公司的壞話。

你對公司該不會也是這樣的態度吧？

千萬別成為這種一邊反抗上層，一邊繼續領著薪水的人。

像這樣的人，應該要早點轉職到讓他願意投入時間及精力的工作或公司才對。

提問2 你說得出自己所屬組織的「企業理念」嗎？

你是否知道自家公司的「企業理念」呢？

雖說不需要完全正確地說出來，但至少要對自家公司「試圖實現什麼樣的目標」有所認識才行。

首先，瞭解現在所任職公司的企業理念。但請注意，現階段的你還無法對該企業理念達到深度的理解。

有些企業會舉辦讀書會，試圖讓員工了解並接受經營者的理念。

然而，即使這樣仍無法讓所有人都基於「企業理念」來決定所有行動，因為那是經營者該做的事。

不過在組織當中，人越是往上爬，就越能夠理解「企業理念」的深層意義。因為有些事情會隨著自己的職責改變，而變得清晰可見。

以此為目標，務必先在腦袋中，有企業理念的狀態下工作才好。

提問3 是否有將「經營者的指示」傳達至基層？

此提問，是針對中階主管以上的人。

基層員工有時可能會出現反彈情緒，覺得「經營者就只會談論理想而已」，這時中階主管的行動就變得很關鍵。

隨著職位提升，主管必須依據經營階層的指示，在自己的責任範圍內妥善面對基層。

要能夠按照該判斷，認真嚴肅地傳達給下屬，明白表示「請執行〇〇」。或者，當經營階層沒有理解實務現場的資訊時，就要將該事實往上呈報。

主管所扮演的，就是這樣的雙向溝通角色。

提問4 你知道「沒有企業理念的公司」問題何在嗎？

企業理念對經營者來說，就是「判斷標準」。

建立出「貼近企業理念的就做，遠離企業理念的就不做」的一致性。缺乏此標準的公司，就會變成「只要能獲利，做什麼都行。只要賣得出去，賺得到錢就可以」。

誠心希望你能夠在有企業理念，而自己也能在認同的公司裡工作。

以上便是第4章的重新認識「企業理念」的提問。

第5章

成就更偉大的目標

——「前進感」

行李再大，只要分裝成小包，就能搬動。
如此理所當然的方法，一旦換到工作上，
反而就突然辦不到了！

過度相信一個人的力量，
會誤認為「可以靠拼勁做到」。
其實適度的倚賴，是非常重要。

任何人都能做的事，是救贖，
不是朋友也能互相幫助，也是一種救贖。
只要沒有人際關係方面的煩惱，一切都好。

讓我們「一起做大事」，
獲得人生最大的快樂！

沒有先談「企業理念」的原因

在前一章中，我們談論了「企業理念」的話題。

或許你會覺得，幹麼不一開始就先談企業理念？」

其實考量到公司的建立程序，便能明白這個邏輯。畢竟經營者是先有了想法後，再往下擴展延伸，這才自然合理。

接下來，就讓我們來看看這個流程順序。

一直到能獲利為止的「正確流程」

創始人懷抱著無法放棄的強烈意識，奮起創業。

⇩提出企業理念。

⇩展開事業。

⇩夥伴聚集於其下。

⇩反覆嘗試。有人加入，也有人離開。

⇩大獲成功。

⇩全體一同分享利潤（薪資）。

這就是本來的正確流程。

然而，**一般人的職業生涯並非如此，反而是呈現相反的順序。**

接下來，我們來看看下一個主題。

一直到能獲利為止的「表面流程」

為了獲取薪資而去找工作。
⇩尋求工作的價值與意義。
⇩一開始只聽命行事。
⇩遭遇障礙，反覆嘗試。
⇩有所成長，接受更大的挑戰。
⇩成為人上人，瞭解企業理念的深層意義。

一般都是像這樣，以在組織中步步高昇爲目標。

若是找到了無法在該公司裡做到的事情，便會選擇跳槽轉職，也可能會自行創業。

希望能傳達至「經營者」階層

識學這種思維，是來自「**歸根究底**」的論點。

因此，對於只是爲了獲取薪資而去找工作的人來說，很多說法聽起來必定都很刺耳，所以必須「**慎選說明順序**」，否則就會立刻被認爲是「勸大家要愛公司的精神訓話」，導致無人閱讀。

正是基於此理由，才會直到第三本書的第4章，才談及「企業理念」這個重要話題。

原本引進識學的公司，都是從改變「經營者」的思考方式開始，從變更全公司的「工作規定」及「評價制度」著手。

由此，將原本的管理思維方式，滲透至經營階層、管理階層、基層員工等，**就像水從上往下流一般，如此便能順利地傳播、擴散**。

然而，像這樣透過書籍傳達時，順序應改爲由下而上。

首先，要廣泛地讓一般讀者閱讀，然後將此思維傳達給對工作感到苦惱的20、30世代，進而傳遞給管理職及領導階層，最終傳至經營者。

我是懷抱著這樣的期待撰寫本書，也由衷希望閱讀至此的各位，能理解這樣的用心良苦。

「公司要有所改變」是什麼意思？

「我們公司完全沒有改變。」
「公司如果不做出改變，再這樣下去會很不妙。」

在聽取關於管理方面的煩惱時，這樣的事情最常被提及。
然而，這些幾乎都是**解析度很低、很模糊，有如抱怨般的煩惱**。

「希望能改變老闆的想法。」
「希望能改變組織的體質。」

諸如此類的說法，缺乏具體性，也讓人根本不知該怎麼做好。

「機制」改變，「公司」就會改變

所謂的「公司有所改變」，到底是什麼意思？

其實就是，「**公司的機制有所改變**」之意。

若不對制度或規則做些什麼，就不會有任何具體的變化，而這並不是單純換個人、換個心情就可以。

儘管如此，很多人還是只追求感覺與氛圍，像是——

「公司內部的溝通狀況變好了。」

「員工們變得更有活力了。」

這都不是關鍵本質，一定要消除這樣的誤解才行。

先是公司的制度要有所改變，然後基於此改變，使得目標從經營階層往下落實至中階主管、基層員工。

原則上，終究只有經營者才能夠改變公司。不過，就如前面已說明過的，對實務現場極爲熟悉的員工或中階主管，也可能促成變化，亦即確實能透過某些努力來改變公司。

抬頭挺胸地做個「組織人」

在此，順便也針對第177頁所提到，有關「人事異動」的主題做一些補充。

我們要來談的是，「只做過一種工作、只有單一業務經驗的人」。

人一旦長期處於同一場所，便會誤以爲那就是「全世界」。以成爲專家這個面向來看，雖然很好，卻同時有「**因為產生情感而導致對立**」的缺點存在。

由於會以保護自己的工作爲第一要務，於是更容易對公司的決策感到不滿。

「明明是個全體成員都很努力在做的事業，爲什麼這麼輕易地就把它裁撤掉了呢？」

類似像這樣的抗拒情緒就會產生，即使工作上再怎麼能幹的人，也可能受情緒影響。

而這時，做過多種工作、有許多不同業務經驗的人，便能夠輕易接受公司的這個想法。

因爲這樣的人**能夠透過「比較」來瞭解情況，更正確地理解自己的立場**，所以不會因情感而導致對立，能夠站在他人之上成爲「組織人」。

如何把「能做的事」變大？

一旦長期處於實務現場，每當要開始嘗試新業務時，往往就會反射性地認爲「那個我們做不來」。

這是因爲，**僅依據目前一個人「能做的事」來思考的關係**。

若是成爲人上人，就能夠認知「我們的團隊做得到」。一旦再爬上更高層，就會認爲全公司「可以一起面對這個困難」。

這是**在組織裡工作所能得到的一種「總會有辦法達成」的感覺**。

光是能妥善完成自己一個人的工作，不叫有能力；靠著團隊或整個組織做到以往無法達到的事，才能得到最棒的成長。

這世上存在著像這樣一條通往優秀組織人的路，但不知爲何，在當今的年代卻被嘲諷爲「社畜」，眞是令人費解。

成爲組織人的好處多不勝數，不但可以跨部門，也將具備如「此事或許能交給那個人」的鑑別力。藉由「這個領域要問那個人」之類的判斷，更能進一步加快工作速度。

儘管一個人很渺小，但透過組織就能完成了不起的事，組織就是充滿了這樣龐大的可能性。

對於「個人時代」的反論

本書一而再、再而三地告訴各位，關於個人「成爲齒輪」的好處，強烈建議各位成爲不論處於什麼環境都可以大顯身手的人。

此外，也希望已在擔任管理職或主管的人，能夠爲了個人及公司的成長，具備「**責任感**」與「**危機意識**」。

只不過，被認爲優秀的人，很容易抱持著個人化的想法——

「是我好心在幫這間公司工作。」

「我要是不在，這家公司就完了。」

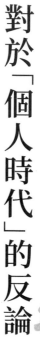

「我屈就在一間很糟糕的企業。」

像這樣思維，是不可能成功的。

由公司全體一起對社會做出貢獻，並逐漸貼近其企業理念。藉此，在其中工作的個人才能感受到，「**我們做到了單槍匹馬難以成就的大事**」。

巨大組織中的渺小個人

在大企業中，應該更能感受到巨大的工作意義。

然而現在，聽說有很多人是對於自己身處大企業，所能產生的影響力很小這點感到不滿，因而辭職求去。

像這樣的矛盾與糾結，和本書一再提及的「個人化」，可算是同樣的問題。

這其實就是一種，想聽到「少了你，公司會很困擾」這句話的慾望。

本書一開頭，便提過這句話就像是毒品。

不過，姑且假設你因此辭職離開了大企業，接著打算進入新創企業或小型組織中任職。

在那裡，你會感受到工作的價值與意義，然後該公司持續成長、擴張。你早晚會升官晉級，而一旦公司發展得更爲壯大，又會遇上同樣的問題，又會一樣感到不滿、空虛。

此外，有些人會不停地從一家新創企業跳槽到另一家，每當新事業創立，營運似乎上了軌道時，就又再移往他處。

這或許是在尋求刺激，若是以此爲專業，倒也並無不可，**但千萬別因此就看不起深耕並壯大單一組織的管理工作。**

任何時候，團隊合作是美好且振奮人心

在「組織」中，存在著「個人」，這樣的關連性是切不斷的。**「組織」與「個人」並非平行並列**，這正是誤解的根源。

在職涯累積的過程中，**「歸屬感」**有其必要，不論就理智面還是情感面而言，都有好處。

人們常說「錢在人情在，錢盡緣亦絕」，工作上的往來關係，眞的是十分脆弱，往往說斷就斷。

正因如此，**「在同一家公司」**、**「隸屬於同一集團」**這種事的價值便會提升。

大家都過度聚焦於個人的力量，也太過相信一個人什麼都辦得到。

比起對團體的貢獻，每個人都把個人利益放在更前面。難道是因爲全壘打數多的自己，比團隊獲勝的感覺更令人嚮往嗎？

強調個人表現的結果，往往會導致全盤皆輸。實際上，任何時候爲了團隊而活躍的身影，更爲美好且振奮人心。

接下來，就讓我來說明其理由爲何？

試著體會所謂的「前進感」

我把前面所說的一個詞來做總結，就是「前進感」。

藉由在組織中工作，你就能獲得「前進感」，這正是第5章的主題。

識學的思維方式，就本質而言也可回歸於此一詞彙。

由此開始，要來說明「傳達給組織高層的訊息」。

希望「前進感」一詞，能夠深入滲透至每個經營者的腦中。

「想待在這裡」這一想法的本質

藉由讓公司本身爲社會所需，我們才得以自豪於自己身爲該公司一員的身分。因爲，在個人心中會產生，**「如果不繼續待在這家公司，會是一種損失」**的感覺。

舉凡公司的營業額增加、獲得媒體報導，或是社會評價提升等，都會產生「前進感」。

其中，又以**能實際感受到公司正逐步實現其企業理念，而產生的「前進感」最為重要**。

原本公司就是在「企業理念」的旗幟下，聚集了一群人。

對於在組織中工作的人來說，朝著實現企業理念的方向「前進」的眞實感受，就是最棒的能量來源。

經營者必須事先對員工明確定義，並指出「怎樣才算是貼近企業理念？」接著，藉由努力達成該定義，來讓組織全體共享，朝著實現企業理念的方向邁進的「前進感」。

不斷往前邁進

公司，就是一個朝著目標前進的實體。

不斷地貼近其企業理念，在這樣全體一同往前邁進的過程中，便會產生所謂的「前進感」。

每個在組織中工作的人，都應該要感受到這種推進的力量，**那是一種整個組織持續向前進的感覺**。藉此，人們才會對於身為組織的一員這件事，感到驕傲。

這便是「待在這家公司」的好處，是無法透過眼前的獎金或員工旅遊等福利體驗到的感受。

有了前進感，員工「離職的理由」就會消失。

人有各式各樣不同的價值觀，有的人並不追求很多的獎金，也有一些人對員工旅遊毫無興致。

一旦提出這類淺白易懂的好處，「我又沒有特別要追求這個」反而會像這樣成爲員工的一種藉口。

然而，前進感則不同，這是每個人都喜歡的最大好處。

話雖如此，很多人嘴上可能還是會說：「組織的成長什麼的，我才沒興趣呢！」

只不過，**心裡的真實感受又是另一回事**。

若是身爲人上人，在這件事上絕不能動搖，要堅信「**所有人都會因為組織的成長而感到開心**」。

當然，隨著組織越變越大，薪水和獎金等也會直接增加。別忘了，組織的利潤是可以回饋給個人的。

只是那並非目的，也不是最重要的本質。

外包的限制

在現今世上，有一些人不把組織做大，而是主張「一切靠外包來處理」、「全都轉包出去不就好了」。

當然，這種想法也不無道理，因爲一開始就決定好，只以精簡的人力來營運。

只不過，在選擇這種做法的那一刻，可能並不知道這件隨了「**無法獲得前進感**」的缺點。

在一起工作的人是成長也好，是停滯也罷，處於一種彼此互不相干的關係。

而且也會有風險，一旦依賴對方，萬一對方不在了，工作就會被迫停止。畢竟對方也有「選擇的權利」，當合約終止，一切便結束。

就短期而言，這樣似乎能將麻煩的問題降到最低；但長期看來，確實還是藏有另外的風險，也是不爭的事實。

若是採取外包或轉包的方式，便不會產生所謂的「夥伴意識」。

因爲機制不同，彼此並不是主管與下屬的關係，不存在所謂「**培養**」和「**成長**」等目的。

那是一種「只要便宜迅速，而且又做得正確即可」的利害關係，而且光靠這個是並無法達到「想繼續在這裡工作」的感覺。

那些已經長大的，也曾經是被培養的

或許有些人會覺得，就算是被培養了，也還是有可能說「再見」。若對於被培養一事心存感謝，便會自然而然地想要「改由自己來擔任培養他人的一方」。

這並不是在強迫之下的結果，而是毫無疑問地「那些已經長大的，也曾經是被培養的」。

因為有適當的環境，所以成長了；因為有良好的指導，所以成長了。

透過此機制的連鎖效應，組織便得以擴張、壯大，而個人也會隨之成長。這種感受，不在組織裡是感覺不到的。

必須成為讓人們「想留下來」的公司才行

前面已談了許多在組織裡工作的真正好處，但不論是什麼樣的職場，都會面臨有人離開的那一刻。

就像第72頁所提到的「有人下車」這件事，在一定的程度上是必定會發生的情況。

基本上，離開的最好別再去追回，不過若是有太多優秀員工都被挖角而離開的話，就必須採取應對措施才行。

問題終究不在人，而在於機制

他們為何離職呢？

依公司不同，狀況可能會不太一樣。不過，絕大多數原因，都在於「個人化所導致的不公平」及「螺絲鬆了」的問題。

就如先前已說明過的，只要機制有到位，就不會發生這種問題。

組織若是有妥善運用機制，其離職的理由，就只會存在於員工「自己本身」。

當一家公司有很多優秀的員工離職時，其第一要務，便是要致力於本書的重點「機制化」，而且這是人上人的責任。除此之外，就是要繼續相信「前進感」。

只要是組織及個人能夠成長的環境，優秀的人就不會離職，請堅信這個道理。

任何時候，「總之，就是要機制化」！
不檢討人，該檢討的是制度！

將「企業理念」具體內化

讓我們再次面對全體員工，將「企業理念」內化於自己心中。

首先，要思考的是——**10年後，希望能迎來什麼樣的自己？**

成長是最基本的大前提，不過，「想要朝著怎樣的方向成長」則會因人而異。此外，「希望透過什麼來對世界做出貢獻」，這點也是人人不盡相同。

請試著從接下來這兩個軸向來思考——

- **想朝著哪個方向成長？**
- **希望如何對世界做出貢獻？**

將這兩個軸向與目前所在公司的企業理念做比對，是否朝著相同的方向前進呢？

若是如此，那麼「總之，就是要機制化」。請理解自己被賦予的責任，並做爲齒輪完美地發揮作用，好好地成爲人上之人。

只不過很遺憾地，有時也會有方向不一致的情況發生——

「我的期望難以透過現在的公司達成。」

當這麼覺得時，恐怕就是該換工作的時候了。

「繼續待在這家公司，10年後似乎無法成爲自己想要的樣子。」

「我不想透過這家公司提供的服務來對世界做出貢獻，希望藉由其他事物來實現。」

若你是這麼思考的話，應該可以選擇跳槽了。

不過，即便進入下一個組織，該做的事情也一樣；也就是，要以成長爲目標，發揮自己在該組織中的作用，爲組織的前進感做出貢獻。

這機制是不變的，就算予以否定，也只會嚐到同樣的挫折感而已。

一旦逃避了成長，又會有別的痛苦到來。

正如第１３７頁所述，那是一種對軟爛黑心企業的不滿。

人總是不切實際，在嚴格環境中想要輕鬆，在輕鬆環境中追求嚴格。

若是這樣，那還不如抱持著如本書所述的「危機意識」努力工作，比較能夠有所成長。

更何況，**現今世上很多人都處於「放棄成長的狀態」**。對想努力的人來說，沒有比現在更好的機會了。

別怪罪任何人，讓我們認真面對機制

本章至此即將結束。

一旦具有企業理念，就能感受到朝著該方向邁進的「前進感」，每個人都能持續進行其工作。而引導員工走向該處，便是機制建立者的責任。

當有人「因爲覺得辛苦而想跳槽」時，請別責怪他，而是要質疑背後的規則、制度。

「是怎麼個辛苦法？」

「只是單純沒體力？還是被人際關係給消磨殆盡了？」

若其理由在於人際關係，那麼機制可以解決問題。只要妥善建立機制，任何人都能夠有所成長，所謂「**主管扭蛋**」的狀況，也是可以打破的，請務必親身體會其威力。

此外，所謂的「前進感」，無法在一般人的「自然狀態」下產生，那是在形成社會、在組織前進的過程中，所衍生出來的東西。

這種前進感，是**組織唯一的能量來源**。

其實做爲人上之人並不自然，要扮黑臉，又要成爲人們在背地裡抱怨的標的。但可以肯定的是，徹底做到這點，一定能獲得巨大的價值。

歡迎來到世界的這一邊！

第5章
複習

讓「前進感」深入滲透的提問

提問1

你如何理解「公司是否有所改變」這件事？

「我們公司一點改變也沒有。」

這樣的抱怨經常聽到，卻鮮少有人思考其具體內容。

所謂的「公司要有所改變」，是指公司的機制需要適度的變動。若不變更制度或規則，就等於沒有任何具體的調整。

先是公司的制度要有所整頓，然後基於此，使得目標從經營階層往下落實至中階主管、基層員工。

請記得，原則上終究只有經營者才能夠改變公司。

原本識學在進行指導時，也都是從改變經營者的思維開始著手；不過，有時對實務現場極為熟悉的員工或中階主管，也可能促成變化。

提問2 你是否有試圖成為「組織人」？

你是不是只能夠依據個人的工作量來判斷事情？

一旦有新的工作加入，就會反射性地認為，「我們做不來」。

其實成為人上人，會讓人的意識改變，進而變成「組織人」。於是，就能夠感受到「我們的團隊做得到」、「可以一起面對困難」，這可以從整個組織的角度來思考。

這樣的態度並不是什麼「社畜」。

一旦跨越部門，便能做出「或許能交給那個人」的判斷，也能充分體會何謂「做到原本單槍匹馬難以成就的大事」。

因此，「在同一家公司」、「隸屬於同一集團」是有很大好處的。

提問3 你是否覺得「如果不繼續待在這家公司，會是一種損失」？

當公司為社會所需要時，身為公司一份子，肯定會感到很驕傲。

若能夠感受到「如果不繼續待在這家公司，會是一種損失」的話，就全力投入於眼前的工作吧！

如果你是人上人，就要向員工們表達這樣的訊息。

請提出「公司要如何做出貢獻」、「公司是為何而存在」，再把這些都清楚明白地傳達給大家。

如此一來，員工們便能夠設定目標，並確認與目標的距離，藉此實際體會貼近該理念的感覺，同時也能以身為組織的一分子而感到自豪。

像這樣，員工離職的理由就會消失不見。

提問4 是否有產生「歸屬感」？

只用短期利益來看，便會覺得採取外包或轉包的方式即可。

然而，這類方式是無法產生所謂的「夥伴意識」。

由於不具上下關係，也不存在所謂「培養」和「成長」等目的。若是只有「做得便宜迅速又正確即可」的利害關係，就不可能達到「想繼續在這裡工作」的認知。

請試著從長期的觀點來看，「讓人得以成長」、「必須獲得好評」、「全員一同成就大事」等等，都是身處於在同一家公司裡的人，才能體會到的好處。而在這過程中，「夥伴意識」便會逐漸萌芽。

請務必要能夠感受到，在組織中工作的真正樂趣。

以上便是回顧第5章重要內容的提問，希望各位能真實地感受到「前進感」正在深入滲透，並進一步成為在組織中有所發揮的人。

終章

不存在「機制化」的另一個世界

至此為止，已針對「機制化」的觀念做了許多說明。
要讓「機制化」深入滲透，
並進一步摧毀「個人化」。
應該已經能夠理解這樣的工作方式。

說不定這和你以往的思維邏輯恰恰相反，
也或許，你的心中充滿了矛盾——
「每個人應該都是無可取代的個體才對啊！」
持續與此搏鬥，正是人上人的責任。

最後，想為各位說明一下，
可成為救贖的「另一個世界」。

只要保有「能變回人類的場所」就行了

前面在介紹識學思維的同時，也針對想追求更高目標的員工及主管，說明了管理方法的本質。

大家應該已理解，「以齒輪之姿發揮作用」這思維背後的深切善意。對於希望能一直持續成長的人，公司永遠會提供「歸屬」。爲了讓人成長，也會給予「負擔」，希望你能成爲在該公司努力向上的人。

其實對於「個人化」的存在，我也並非１００％否定。

接下來，就讓我針對這部分做一些說明。

公司「能給的」和「不能給的」

如同第53頁所述，人們在本能上所尋求的，或許是「一般人的溝通互動方式」。

只不過，那不是公司所能給予的。有些事情公司能夠滿足，但也有一些事情滿足不了。

舉個例子，假設有兩個人一起創立了一家公司，其中一人是你，另一位則是你的老友。

一開始是感情融洽的好友關係，呈現總是在一起的狀態，本來想著開心的日子應該就會這麼一直持續下去。然而，工作變得越來越忙後，不知何時開始，兩人之間便出現了差異——

■「這個人是工作夥伴」的價值觀。

■「這個人是朋友」的價值觀。

兩者在心中相互衝突、碰撞，甚至隨著其他員工的加入，人際關係又變得更爲複雜。

這時，若具有識學的觀念，便能在一開始就懂得「決定好角色並保持距離」。徹底放棄朋友關係，讓彼此成爲「一起工作的人」；其中一人應成爲負責人，另一位則該成爲下屬。

請想像一下，表演對口相聲的雙人搭檔。

一開始很要好的兩個人，隨著工作量漸漸增加，朋友關係便漸漸消失。雙方各有其角色，並由其中一方掌握主導權。雖然私下變得不太講話，但在舞台上則展現出最精彩的相聲表演。

他們不再是朋友，而是逐漸成爲「戰友」，亦即轉變爲彼此切磋琢磨的工作夥伴。

就和這樣的關係一樣，若是維持一開始的朋友狀態，事業必定無法做大，也不會順利。

另一個「社群」的存在

公司是工作的社群。

不過，**社群可以有不只一個**，你還能擁有很多其他的，像是朋友、家人、興趣等，在這裡自己有多麼地「無可取代」就變得非常重要。

沒錯，**這些社群和工作社群是完全相反的**。

公司具有「實現企業理念」的明確目的，而你必須爲此發揮該有的作用。換言之，是一種可被取代的存在，亦即就算少了你，也是有人可以代替你。

然而，家人和朋友則不同，試想另一半若不在家，絕不可能找別人來替代吧！若是和朋友約好見面，你卻告訴對方「我突然有事不能去，讓我另外找個人代替我去見你」，相信對方絕不可能覺得開心。

當朋友之間似乎存在著某種「因為有利益」的關連性，就會無法繼續下去。

兩個社群「攪混了會很危險」

在這方面的重點在於，**各個社群對生活而言都必不可少**，因此並沒有上下之別。

不過，若是想要好好過生活的話，那就有所謂的「**順序**」可言。

透過工作賺取生活費，能夠充實私生活，而這就是所謂的順序。

除此之外，「**不要混在一起**」也十分重要。

「明明是公司，卻搞得像在家裡。」

「明明是家人，卻弄得像在公司。」

像這樣公私不分，正是所有人際關係困擾的根源，組織崩壞的原因也集中於此。

「維持現狀就好。」

「只要能安穩地生活就好。」

「想要有個能讓自己變回人類的地方。」

爲了滿足這些心理需求，請自行在公司之外建立社群。

只要是在公司裡頭，就必定會被主管「評價」。

然而，在家人和朋友的關係方面，某個程度上是可以根據自己的價值觀或判斷來控制的。

換言之，那是允許「個人化」的世界。

就與切換上班和下班一樣，我們也要針對不同的社群，切換對應的思維模式。

有太多人都把這兩者視爲「同一回事」，因而**導致很多人精神崩潰**。

「把不同社群明確分割。」

「學習不同的行為模式。」

在走到「**崩潰**」這一步之前，請先把這些生存策略給培養起來。

為了避免出現「個人化」的受害者

至今，識學已檢視過4000家以上的企業，但幾乎沒有任何一家充分發揮了本書所介紹的「機制化」作用。

每個組織都蔓延著「個人化」的問題，於是**個人化的「受害者」便因而產生**。

不論是什麼樣的公司，剛加入的人必定都閃耀著光輝，並抱著「我要在這家公司有所成長」的炙熱想法。

不過在不知不覺間，公司內人際關係上的煩惱，奪走了他們的精力。

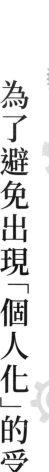

比起提升銷售額，避免在公司裡被討厭更爲重要；比起能幹的下屬，聽話的下屬更容易受到主管寵愛。

在某些制度的保護之下，若沒有太大的過失，不太會有薪減的情況，也不會遭到解僱。

結果回過神來才發現，所培養出的能力，就只有在公司內部巧妙周旋以及賣乖討好，最終只留下對其他業界及企業「都毫無作用的技能」。

在你的組織中應該也充滿了這樣的個人化受害者，他們靠著說公司壞話來吸引同伴，成群結黨。而這種人的存在是人上人的責任，因爲沒有建立機制的關係。

「釣魚高手」的另一種解讀

網路上流傳著一個有名的故事，那是個關於「釣魚高手」的故事。

在某個島上有一位釣魚高手，那位釣魚高手每天早上都會去釣魚，釣到足夠家人吃的數量之後，從中午開始就與家人共度，晚上則和朋友們圍著營火高歌。

後來出現一位投資者，他對著釣魚高手說道：「你的技術這麼好，應該要把這技術傳授給別人才對。」

釣魚高手聽了這番話，便擺出一臉「爲什麼？」的疑惑表情。

於是，投資者又繼續解釋：「把這技術傳授給別人，讓很多人都擁有這樣的技術，就能釣到更多的魚。如此便能靠著這些人建立起公司，還可以直接在隔壁設立工廠。這樣就能賺到很多錢。」

釣魚高手聽完，便反問他說：「賺很多錢又能怎樣呢？」

投資者說：「這樣你就可以一輩子吃喝玩樂，再也不必工作。可以過著早上開心地去釣魚，從中午開始就與家人共度，晚上則和朋友們圍著營火高歌的生活。」

沒想到釣魚高手回應：「那不是跟我現在的生活一樣嗎？」

看了這個故事，你覺得如何？又會怎麼解讀呢？

在網路上，這故事主要是以「否定拼命工作」的論點而廣爲流傳。乍看之下，你或許也會覺得釣魚高手的想法比較好，但我認爲這故事也可以有不同的解讀。

若是成功建立起公司，就能創造大量就業機會，可以讓許多人享用到美味的魚獲。

將釣魚技術傳授給他人，也是對他人的成長有所助益。不僅能夠培育下屬，還能透過美味的魚獲對社會做出貢獻。

「現在玩樂的人」與「日後再玩樂的人」，差異應該不只是這樣而已，在「**人生的滿足感**」上更是截然不同。

你是怎麼想的呢？

應該無法看不起「日後再玩樂的人」吧？

所謂的「做自己」是一種病入膏肓

我想每個人都曾經這麼想過——

「如果能徹底做自己，隨心所欲地過日子，那該有多好……」

「爲什麼非得去上學不可呢？」

「爲什麼非得去工作不可呢？」

「爲什麼不能像貓咪或小鳥一般，什麼都不想地輕鬆度日呢？」

這是因爲人類形成了社會，而**分割社群是一場革命**。

不能因爲天氣熱就光溜溜地出門散步，但在家裡就算一絲不掛，也不成問題。

在自然的狀態下，人依本能生活。

另一方面，「**克制該本能以適應社會**」的能力，也受到考驗。

不能因為看見喜歡的對象，就立刻抱住人家。應該要一步步慢慢來，先培養感情才行。

不過最近，分割社群這件事開始被人們否定了。

「我想展現自我。」

「自己想做什麼才是重點。」

不知何時開始，這類訊息開始四處滲透，廣泛地普及，結果竟變成

「**個性不夠清楚明顯的人」被視為不具價值**。

「**否定」變成了一種趨勢**。

「找不到活著的意義。」

「只有機器才會聽命行事。」

「別照著手冊做事。」

那麼，哪一方才是眞正的殘酷呢？

我十分肯定社會對於分割社群，採取公開支持的立場。

正因爲每個人在社會上都各自發揮著功能，新幹線和飛機才有辦法安全且準時地載運旅客，也才能夠蓋出不怕風吹雨打的住家。

在這世上，有許多很棒的服務存在，而我們都一直持續受惠。

若是能夠這麼想，先前的煩惱便會消失不見，因爲**「隸屬於組織並發揮該有的作用」，比什麼都更具意義**。

「找不到活著的意義。」這種煩惱等到快退休時再想就行了。

「只有機器才會聽命行事。」、「別照著手冊做事。」這種話至少要過個10年、20年之後再說。

事實上，應該還有更需要先執行的事情才對。

你將成為「不可替代的齒輪」

現在，讓我們再次回到一開始的兩個選項——

■想成爲「無可取代的人」？

■還是「以齒輪之姿發揮作用的人」？

你會選擇哪一個？

既然都讀過本書了，希望你能夠有自信地回答這個問題。

若你選擇了後者，那麼請務必和我們一起走上成長的道路。

絕對沒有要你「拋棄情感」

至今爲止，識學已介紹了許多避免被情緒左右的思考方式。

到底爲何要對情感及情緒的處理方式，有這麼多的說明呢？

其實，我接收到了許多的反對意見，像是「壓抑情緒並不好」、「竟然否定人的情感，眞的是很離譜」等等。

然而，這恐怕是因爲沒有仔細聽過細節，只是道聽途說或者斷章取義的關係。

當然，只要是人就會有情緒，這點無法否定。

重點在於，**接納此一事實後，要如何表現？要怎麼做？**

以減肥來說，當眼前出現「不可以吃的零食」時，關鍵在於「該如何思考才能夠忍住不吃」。同樣的道理，順從「看起來好好吃」的感受，把零食全都吃光，這就是在「做自己」嗎？

對「機器」產生情感的老人

有個故事很適合用來思考「人的情感問題」。

有位獨居老人收到了一台遠方親戚送給他的「掃地機器人」。這位親戚是基於「打掃很辛苦，希望讓他輕鬆一點」爲由，而送了這台機器人。但老人一開始覺得既難又複雜，連箱子都不願意打開。

然而，在鄰居教了他用法後，他終於開始使用，這讓他省掉了打掃的麻煩，變得十分輕鬆。

每天掃地機器人都會在同一時間，沿著同一路線開始打掃整間屋子，老人心裡隱約也萌生出「它很拼命地在替我工作呢」的感受。

就這樣過了5年左右，掃地機器人出現了異狀，它不動了。老人便聯絡那位親戚，結果對方卻說：「都用了5年，買一台新的吧？」

老人卻把掃地機器人帶到附近的電器行，並對店員說：**「這孩子不會動了，能不能幫我修好它呢？」**

沒錯，每天看著機器人拼命工作的樣子，老人不知不覺地對機器人產生了情感。

那並非「只是一台機器」，在情感上已變得「就像是人一般」。

「以齒輪之姿發揮作用」這件事的本質，就和這個故事類似。

假設，你照著手冊做事，遵照規則工作，讓理論先於情感。

即便是這樣的態度，也足以充分將「情感」傳達給對方。如此一來，人便能在組織中成爲「不可替代的齒輪」。

請務必成為「值得倚賴的存在」

在本章最後，我打算來談談「存在的意義」。

一人沒有「存在的意義」就會活不下去

人在社會上生存，必定要從某人身上感覺到「存在的意義」才行。

父母若是不陪伴孩子，孩子就會覺得在家中沒有容身之處。在學校若是沒有朋友，說話沒人理會讓人萬分痛苦。

無法融入社會，沒人倚賴自己，也會令人難以忍受。

不論是在哪裡，人都無法單獨生存。

只要有人認同自己的存在，哪怕只有一人，人的精神狀態便會穩定。

盡可能讓更多人認同自己「存在的意義」，這會是人生最大快樂。

先前所說的「釣魚」故事正是如此，光滿足自己是無法讓人生圓滿。每個人都渴望獲得認同，你是無法逃脫這樣的欲求。

在第68頁中，我曾提過自己以識學創始人的身分，出現在各個媒體上。作爲一名創始人，我扮演著「提高識學知名度的存在」的角色，並於創業至擴張的階段，在短期內發揮老闆的個人魅力。

這是因爲向心力朝著「單獨一個人」運作的關係，然後隨著公司逐漸變大，像這樣的個人魅力，最好是日漸消退才合理。

一旦由老闆做出決策，並由上而下地傳達，便會被誤解爲「還是需要個人魅力，可不是嗎？」

事實上完全相反，**當老闆充滿個人魅力時，便會導致中階主管失去作用**，老闆一個人要照顧全體員工。

「在我們公司，老闆總會一一傾聽每一位員工的意見。」

這種話乍聽之下或許會讓人覺得那是一家好公司，但實際上若是真的這麼做，**中間階層的功能就會徹底完蛋**，向心力會只集中在老闆身上。

於是，在老闆世代交替的那一刻，便會有許多員工離職，老闆所發揮的也只是一種「功能」罷了。

「就算是齒輪，也是『重要的齒輪』」

所謂的「消除個人化，有如齒輪般地工作」，意味著「**將對社會有**

益」，亦即你的存在，對某人有助益。

隨著組織漸漸擴大，便能獲得越來越多存在的意義。社會人士是可以替代的，身爲老闆的我也是一樣。就算我不在了，組織也能運作。不過，我現在有負責的角色，並努力扮演著，不多也不少，就只是如此而已。

如同前述，就讓我們成爲「不可替代的齒輪」。

即使是齒輪，只要是能讓周圍的人感到「沒了會令人困擾」的齒輪，便已經足夠。

基層員工、主管、組織高層等，對公司來說，各個都是重要的零件，皆是讓機器得以大幅運作的要件。

甚至還可以這麼想——**要朝著與「個人化」相反的方向，成為一個讓人覺得「少了你，公司會很困擾」的齒輪。**

雖然聽來有些自相矛盾，但這樣就能達成與「做自己」相同的目的。

為組織工作，對他人有所助益，最後在組織中成為一個「辭職會令人惋惜」的人。

務必以此爲目標，而爲了達成這個目標，也請專注於眼前的工作。此外，好好珍惜不同於工作的「個人化的世界」。

這就是我想傳達給讀完本書的你的最後話語。

結語

我先前的著作《主管假面思維》中回響最大的一句話——

「**好主管的話，會因『時差』而延遲生效。**」

年輕時，社會上前輩們的建議，難免會感到「好刺耳」、「實在是過度正確」。

然而，之後當自己有所成長、出人頭地或成爲人上人時，才會恍然大悟地發現「原來是這麼一回事」。

就像這樣，**理解會延後到來**。

本書《機制化之神》在這部分的論點，也是相同的。

每個人年輕時對公司的規則都會有所抗拒，因為那時還不具備「機制化」的想法。

當然也有人會將那樣的不滿，轉化為能量進而創業。

「我要建立自己理想中的團隊。」一開始多半都這麼想，之後如果事業發展順利，增加人手的時機便會到來。

當新進的年輕人與以前的自己一樣，對規則有所抗拒時，應該就會意識到那分不成熟，還會發現「原來那時的我，就是這個樣子」。

好主管說的話，會因「時差」而延遲生效。

你應該會深刻地體悟到，忠實依照所託並努力工作的「組織」，是有多麼地珍貴。

有一家公司，自成立起已過了三年時間，其銷售方面的工作，全都由老闆一肩扛起。老闆對自己的業務能力十分有自信，漸漸地便把公司給越做越大。

就在自以爲這樣很好的同時，卻開始感覺到員工因工作量增加，而對他積極推銷帶進生意顯得「不那麼歡迎」。

這也讓他瞬間意識到，光靠業務能力根本難以維持，徹底體悟到了組織管理的重要性。

因此他該做的是，暫時停止銷售工作，著手建立「評價制度」，讓員工們明確知道「公司的要求是什麼？」、「怎麼做能夠獲得好評？」

能否於此站穩腳步，決定了該公司的未來前途。

即使是已取得壓倒性成就的優秀人才，也會說出「我很怕被人討厭」這樣的話。

甚至擔心在改變公司的組織機制的同時，被員工們認爲：「該不會又要改了吧？」

在我先前的著作《主管假面思維》中，回響第二大的一句話是——

「堅定地與下屬維持距離。」

主管與下屬一旦過於親近，便會開始觀察對方的臉色，害怕被對方討厭。爲了降低彼此的心理負擔，也爲了加快行動速度，就要「堅定地與下屬維持距離」。

這方式最能夠發揮效果，故請務必再次質問自己是否有確實做到？

在識學的觀念中，最希望能傳達給大家的，就是「**任何人都能夠成長**」這件事，其中的「任何人」這個部分非常重要。

專注於分配給自己的任務，於反覆失敗的過程中，透過發揮創意而讓工作開始有所進展，人便能夠眞正體會到「成長」的感覺。

剛進公司毫無用處的新人也是如此，不畏眼前的痛苦，堅持努力的結果，便能成爲高績效人才（High Performer）。

這種員工最終往往都會在公司內部被選爲MVP；即便沒被選上，也必定能夠一點一滴、實實在在地感受到能力的突破。

也就是說，人若是能以企業理念爲基礎，在建全的管理階層之引導下，做出正確的努力，必定能夠提升自我。

一旦體悟到這點，便會「想繼續待在這家公司」。

其實「眞正的工作動力」，就產生於這種成長期的最後階段。

工作動力不是由公司或主管所給予，而是員工們的自發性。因此，創造出這樣的環境可說是非常重要。

好好落實透過「機制」來建立，能夠讓人感受到進步的環境。想要穩做人上人，就必須發揮這樣的作用。

誠心希望能有更多人閱讀本書，並立志努力向上。

識學系列的三部曲至此完成。

身爲基層員工時閱讀《數值化之鬼》，當上主管的第一年閱讀《主管假面思維》，而若是想追求更高的目標則閱讀《機制化之神》。

像這樣分別閱讀各部曲，組織的金字塔便得以成形。

請容許我再次向大家介紹，這三本著作的流程順序——

首先，要成為工作做得好的員工（《數值化之鬼》的精髓）。

步驟1 增加「行動量」

⇩要正確計算自身行動的數量。

步驟2 小心「比率」的陷阱

⇩要小心除法計算帶來的安心感陷阱。

步驟3 找出「變數」

⇩要思考在工作中該聚焦於什麼？

步驟4 篩選出「真正的變數」

⇩要刪去無用的變數，進一步篩選出重要的變數。

步驟5 從「長期」倒過來推算

⇩以短期與長期兩個軸向來檢視事物。

接著，切換至主管思維（《主管假面思維》的精髓）。

步驟1 「規則」思考法

⇩無關環境氛圍，而是要建立語言化的規則。

步驟2 「立場」思考法

⇩非對等，而是要依據上下關係的立場進行溝通。

步驟3 「利益」思考法

⇩不靠個人魅力，而是要藉由利益來促進行動。

步驟4 「結果」思考法

⇩不評價過程，而是只看結果。

步驟5 「成長」思考法

⇩不選眼前的成果，而是選擇未來的成長。

最後，要能夠穩做人上人（《機制化之神》的精髓）。

步驟1
取得「責任與權限」
⇩徹底遵守既定事項。

步驟2
利用「危機意識」
⇩持續感受正確的恐懼。

步驟3
注意「比較與公平」
⇩提供能與人正確比較的環境。

步驟4
重新認識「企業理念」
⇩確定自己的方向，不可迷失。

步驟5
感受「前進感」
⇩與他人一同成就大事。

以上便是身處於組織當中，執行工作時應該要掌握的所有流程。

本系列是以即使過了很久仍能留存的「通用性內容」為目標所撰寫，不論時代如何變化，以下三個原理原則永遠不會改變——

■ 要在工作上做出成果。
■ 要管理人。
■ 要使組織壯大。

我衷心盼望各位能夠一而再、再而三地反覆閱讀，也希望大家能推薦給下屬或對工作感到煩惱的朋友們。

⚙ ⚙ ⚙

最後，要來聊聊我的創業契機，主要來自於對社會感覺到強烈的「不對勁」。

這社會充滿了看似「對每個人都很友善」的思維方式及組織制度，很多人盲目地相信這是「對的」，導致其普及並流行起來。

而這樣的大趨勢，至今仍在持續。

然而，停下腳步試著冷靜地觀察，便會發現那些都只是假象，實際上根本「一點兒也不友善」。

絕大多數都是當下或許很好，等到時間一久，不論對友善他人的一方還是對受到友善對待的一方來說，都有「負面影響」。

社會就是在多數人都未注意到此一事實的狀態下，盲目地向前行。

因此，我感覺到相當「不對勁」，同時也產生了十分強烈的「危機意識」，覺得再這樣下去，國家必定會加速衰退。

選讀這一系列書籍的各位，在剛開始閱讀時，多半會覺得「這作者說的都是一些過時的話」、「這種對人不友善的思維方式，不適合現在這時代」等，然而當各位繼續閱讀下去，應該就會對我所感受到的「不對勁」產生共鳴，接著也同樣會萌生出「再這樣下去不行」的意識。

我衷心期盼讀過這一系列書籍的各位，在「日常行動」上的改變，能讓社會變得更好。

儘管力量微小，我仍會拼命努力。

安藤廣大

機制化之神

作者　安藤廣大 Kodai Ando
譯者　陳亦苓 Bready Chen
責任編輯　許世璇 Kylie Hsu
責任行銷　朱韻淑 Vina Ju
　　　　　袁筱婷 Sirius Yuan
封面裝幀　Dinner Illustration
版面構成　黃靖芳 Jing Huang
校對　葉怡慧 Carol Yeh

發行人　林隆奮 Frank Lin
社長　蘇國林 Green Su

總編輯　葉怡慧 Carol Yeh
日文主編　許世璇 Kylie Hsu
行銷主任　朱韻淑 Vina Ju
業務處長　吳宗庭 Tim Wu
業務主任　蘇倍生 Benson Su
業務專員　鍾依娟 Irina Chung
業務秘書　陳曉琪 Angel Chen
　　　　　莊皓雯 Gia Chuang

發行公司　悅知文化　精誠資訊股份有限公司
地址　105台北市松山區復興北路99號12樓
專線　(02) 2719-8811
傳真　(02) 2719-7980
網址　http://www.delightpress.com.tw
客服信箱　cs@delightpress.com.tw
ISBN　978-626-7406-39-7
建議售價　新台幣380元
首版三刷　2024年9月

國家圖書館出版品預行編目資料

機制化之神/安藤廣大著；陳亦苓譯. -- 首版. -- 臺北市：悅知文化 精誠資訊股份有限公司, 2024.02
面；　公分
譯自：とにかく仕組み化：人の上に立ち続けるための思考法 単行本
ISBN 978-626-7406-39-7(平裝)
1.CST: 商業管理 2.CST: 成功法
494.1　　112002234

建議分類｜商業管理・成功法